建设行业专业人员快速上岗 100 问丛书

手把手教你当好装饰装修预算员

赵勤贤　主编

U0198527

中国建筑工业出版社

图书在版编目（CIP）数据

手把手教你当好装饰装修预算员/赵勤贤主编. —北京：
中国建筑工业出版社，2013.7
（建设行业专业人员快速上岗100问丛书）
ISBN 978-7-112-15192-9

Ⅰ.①手⋯　Ⅱ.①赵⋯　Ⅲ.①建筑装饰-工程装修-建筑
预算定额-基本知识　Ⅳ.①TU723.3

中国版本图书馆 CIP 数据核字（2013）第 041474 号

建设行业专业人员快速上岗 100 问丛书
手把手教你当好装饰装修预算员
赵勤贤　主编

*

中国建筑工业出版社出版、发行（北京西郊百万庄）
各地新华书店、建筑书店经销
北京科地亚盟排版公司制版
北京世知印务有限公司印刷

*

开本：850×1168毫米　1/32　印张：6¾　字数：180千字
2013 年 7 月第一版　　2013 年 7 月第一次印刷
定价：**18.00** 元
ISBN 978 - 7 - 112 - 15192 - 9
（23258）

本书为"建设行业专业人员快速上岗100问丛书"之一，就装饰装修预算员在计量与计价工作上遇到的实际问题及需要的相关知识，采用问答的方式，密切结合工作实际，给予了详细的解答。本书查阅方便，用语简明平实，通俗易懂；同时通过引入适当的工程案例进行剖析，从而使读者能更好地对所讲述的问题加深理解并学会灵活应用。

　　本书具体内容包括：造价基本知识，装饰工程识图，装饰工程施工工艺与构造，定额计价基本知识，工程量清单计价基本知识，常见问题答疑。本书最大的特点就是简洁、易懂、切合实际、针对性强，从实际中解决预算人员经常遇到的问题，是装饰工程预算人员不可缺少的实用参考书。

　　本书可供装饰工程预算人员、工程技术员及项目管理人员使用，对于高职高专相关专业的师生亦有很好的借鉴参考作用。

责任编辑：范业庶　万　李　王砾瑶
责任设计：董建平
责任校对：陈晶晶　刘　钰

出 版 说 明

随着科技技术的日新月异和经济建设的高速发展，中国已成为世界最大的建设市场。近几年建设投资规模增长迅速，工程建设随处可见。

建设行业专业人员（各专业施工员、质量员、预算员，以及安全员、测量员、材料员等）作为施工现场的技术骨干，其业务水平和管理水平的好坏，直接影响着工程建设项目能否有序、高效、高质量地完成。这些技术管理人员中，业务水平参差不齐，有不少是由其他岗位调职过来以及刚跨入这一行业的应届毕业生，他们迫切需要学习、培训，或是能有一些像工地老师傅般手把手实物教学的学习资料和读物。

为了满足广大建设行业专业人员入职上岗学习和培训需要，我们特组织有关专家编写了本套丛书。丛书涵盖建设行业施工现场各个专业，以国家及行业有关职业标准的要求和规定进行编写，按照一问一答的形式对专业人员的工作职责、应该掌握的专业知识、应会的专业技能、对实际工作中常见问题的处理等进行讲解，注重系统性、知识性，尤其注重实用性、指导性。在编写内容上严格遵照最新颁布的国家技术规范和行业技术规范。希望本套丛书能够帮助建设行业专业人员快速掌握专业知识，从容应对工作中的疑难问题。同时也真诚地希望各位读者对书中不足之处提出批评指正，以便我们进一步改进和完善。

中国建筑工业出版社

2013 年 2 月

前　言

　　为了帮助广大从事装饰装修工程预算的工作人员解决实际工作中经常遇到的问题,我们编写了此书。

　　本书根据《全国统一建筑装饰工程消耗量定额》(GYD-901-2002)和《建设工程工程量清单计价规范》(GB 50500—2013)和《房屋建筑与装饰工程工程量计算规范》(GB 50854—2013)的内容编写。针对该学科应掌握的专业知识和操作技术,并根据专业人员日常工作中遇到的疑问,逐一提问,用通俗易懂的语言辅以必要的图表,有针对性地给予解答,特别适用于从事建筑装饰装修工程预算的工作人员阅读,同时也可供高等院校师生参考。

　　本书具有两大显著特点:其一,内容全面、易懂;其二,针对性强。在编写原则上坚持以最新国家标准、规程为依据,编写方法上力求通俗易懂,图文并茂,目的是给广大装饰装修预算人员提供一本具有实用价值的参考书。

　　本书在编写过程中得到了许多同行的支持与帮助,在此表示感谢。由于编者水平和时间的限制,书中难免有错误和不妥之处,望广大读者批评指正。

编　者
2012 年 12 月

目 录

第一章 装饰装修预算员的基本知识

第二章　装饰装修预算员应具备的专业知识

第一部分　装饰工程施工图识读

第二部分　装饰工程施工工艺与构造

第三章　装饰装修预算员应掌握的专业技能

第一部分　定额计价模式

第四章　实际工程造价问题解疑

16

第一章 装饰装修预算员的基本知识

1. 房屋建筑装饰工程的作用有哪些？

答：（1）保护了建筑物的结构体

建筑装饰覆盖在结构体上，使其避免受风吹雨打、湿气的侵袭、有害介质的侵蚀，以及机械作用的破坏，保证结构体的完好和延长其使用寿命。

（2）改善了人们的工作与生活环境

人们的物质和文化生活不断提高，不仅要求有宽敞的居住和工作的地方，而且还要求美观和舒适。民用建筑的装饰工程，尤其是室内装饰设计所涉及的风格、意境、声响、灯光、色彩、办公和生活用具的陈设，以及庭院美化和建筑小品等，经常被人们直接感受。精心设计的环境，使人们在生活和工作中，时时处处觉得愉快。建筑装饰的目的就是给人们生活和工作以美和舒适的享受。

（3）美化了建筑物与城市

建筑装饰工程处在人们能直接感受到的部位，成功的建筑装饰设计方案，优质的装饰材料和精细的施工，可以获得理想的装饰效果。如平整光滑的大理石墙面，使人感到富丽整洁，庄重华贵。不同的材质，表面光洁或凹凸不平的程度会产生奇异的观感。不同的颜色，可以使人们看到五光十色、璀璨缤纷的世界。建筑艺术性的发挥，给人以美的享受，在很大程度上，是建筑装饰工程的作用。

2. 房屋建筑装饰工程主要有哪些特点？

答：（1）它是建筑设计的一部分

建筑装饰工程是建筑设计的继续、深化、丰富和发展，使建筑物更加富丽多彩，功能更加完善。它除了满足建筑产品功能的要求外，更突出艺术效果和精神价值。它是以现代建筑装饰新材料、新技术和新工艺为基础的更高层次的建筑艺术追求及赋予人们的物质和精神上的享受。

（2）具有工艺复杂的施工过程

装饰施工过程是一个再创作的过程，是实现设计意图的过程。施工质量对设计效果的体现起决定性作用。它要求施工人员应有良好的艺术素养和熟练的操作技术，能够透彻地体会设计者的意图，主动地完善设计，高质量地保证实施其意图。

（3）施工工序繁多

装饰的每个工序都需要有具备专门知识和技术的专业人员，装饰一套房间还需要水、暖、电、木、油漆、玻璃、钳工等多个工种，几十道工序轮流作业，要有条不紊、搭接紧密、速度快、工期短。因此，建筑装饰工程的施工技术组织管理人员也要有专门知识和经验，做好施工组织设计、调配和管理工作。

3. 房屋装饰装修的要求有哪些？

答：根据建筑物的各个部位的装饰工艺要求，以及不同的装饰装修等级，装饰要求见表1-1～表1-3。

高级建筑的内、外装饰装修要求　　　　　　表1-1

装饰部位	内装饰材料及做法	外装饰材料及做法
墙面	大理石、各种面砖、塑料墙纸（布）、织物墙面、木墙裙、喷涂高级涂料	天然石材（花岗石）、饰面砖、装饰混凝土、高级涂料、玻璃幕墙
楼地面	彩色水磨石、天然石料或人造石板、木地板、塑料地板、地毯	
顶棚	铝合金装饰板、塑料装饰板、装饰吸声板、塑料墙纸（布）、玻璃顶棚、喷涂高级涂料	外廊、雨篷底部，参照内装饰

2

装饰部位	内装饰材料及做法	外装饰材料及做法
门窗	铝合金门窗、一级木材门窗、高级五金配件、窗帘盒、窗台板、喷涂高级油漆	各种颜色玻璃铝合金门窗、钢窗、遮阳板、卷帘门窗、光电感应门
设施	各种花饰、灯具、空调、自动扶梯、高档卫生设备	

中级建筑的内、外装饰装修要求　　　　　　表 1-2

装饰部位		内装饰材料及做法	外装饰材料及做法
墙面		装饰抹灰、内墙涂料	各种面砖、外墙涂料、局部天然石材
楼地面		彩色水磨石、大理石、地毯、各种塑料地板	
顶棚		胶合板、钙塑板、吸声板、各种涂料	外廊、雨篷底部，参照内装饰
门窗		普通窗、木门窗、窗帘盒	普通钢、木门窗，主要入口铝合金门
卫生间	墙面	水泥砂浆、瓷砖内墙裙	
	地面	水磨石、陶瓷锦砖	
	顶棚	混合砂浆、纸筋灰浆、涂料	
	门窗	普通钢、木门窗	

普通建筑的内、外装饰装修要求　　　　　　表 1-3

装饰部位	内装饰材料及做法	外装饰材料及做法
墙面	混合砂浆、纸筋灰、石灰浆、大白浆、内墙涂料、局部油漆墙裙	水刷石、干粘石、外墙涂料、局部面砖
楼地面	水泥砂浆、细石混凝土、局部水磨石	
顶棚	直接抹水泥砂浆、水泥石灰浆、纸筋石灰浆或喷浆	外廊、雨篷底部，参照内装饰
门窗	普通钢、木门窗、铁质五金配件	

4. 什么是装饰装修工程预算？

答：装饰装修工程预算，是指在工程建设过程中，根据不同的设计阶段、设计文件的具体内容和国家或地区规定的定额指标以及各种取费标准，预先计算和确定每项新建、扩建、改建工程中的装饰装修工程所需全部投资额的活动。它是装饰工程在基本建设过程不同阶段经济上的反映，是按照国家规定的相应计价程序，预先计算和确定装饰工程价格的文件。

5. 装饰装修工程预（决）算有哪些分类？

答：（1）按装饰装修工程设计和施工进展阶段分类

1）装饰装修工程投资估算

装饰装修工程投资估算是指建设单位根据设计任务书规划的工程规模，依照概算指标或估算指标、取费标准及有关技术经济资料等所编制的装饰装修工程所需费用的技术经济文件，是设计（计划）任务书的主要内容之一，也是审批立项的主要依据。

2）装饰装修工程设计概算

装饰装修工程设计概算是指设计单位根据工程规划或初步设计图纸、概算定额、取费标准及有关技术经济资料等，编制的装饰装修工程所需费用的概算文件。它是编制基本建设年度计划、控制工程拨贷款、控制施工图预算和实行工程大包干的基本依据。

3）装饰装修工程施工图预算

装饰装修工程施工图预算是指装饰装修工程在设计概算批准后，在装饰装修工程施工图纸设计完成的基础上，由编制单位根据施工图纸、装饰工程预算定额和地区费用定额等文件，编制的一种单位装饰工程预算价值的工程费用文件。它是确定装饰装修工程造价、签订工程合同、办理工程款项和实行财务监督的依据。

施工图预算通常由施工单位编制，但建设单位在招标工程中也可自行编制或委托有资质单位进行编制，以便作为招标投标标底的依据。施工图预算包括预算书封面、预算编制说明、工程预算表、工料汇总表及图纸会审变更通知等。

4）装饰装修工程的施工预算

① 装饰装修工程施工预算是指施工单位在签订工程合同后，根据施工图、施工定额等有关资料计算出施工期间所应投入的人工、材料和机械等数量的一种内部工程预算。它是施工企业加强施工管理、进行工程成本核算、下达施工任务和拟订节约措施的基本依据。

② 施工预算由施工承包单位编制，施工预算的内容包括：工程量计算、人工和材料数量计算、两算对比、对比结果的整改措施等。

5）装饰装修工程竣工结（决）算

装饰装修工程的竣工结（决）算是指工程竣工验收后的结算和决算。竣工结算是以单位工程图预算为基础，补充实际工程中所发生的费用内容，由施工单位编制的一种结算工程款项的财务结算。竣工决算是以单位工程的竣工结算为基础，对工程的预算成本和实际成本，或对工程项目的全部费用开支，进行最终核算的一项财务费用清算。

（2）按工程规模的大小分类

1）单位工程预（决）算　单位工程预（决）算是指某个单位工程施工时所需工程费用的预（决）算文件，它按不同的单位工程图纸和相应定额，编制成不同的工程预（决）算，如土建工程预（决）算、给水排水工程预（决）算、电气照明工程预（决）算、装饰工程预（决）算等。

2）单项工程综合预（决）算　单项工程综合预（决）算是指由所辖各个单位工程从土建到设备安装，所需全部建设费用的综合文件。它是由各个单位工程的预（决）算汇编而成。

3）工程建设其他费用预算　工程建设其他费用预算是指按照国家规定应在建设投资费用中支付的，除建筑安装工程费、设备购置费、工器具及生产家具购置费和预备费以外的一些费用，如土地青苗补偿费、安置补助费、建设单位管理费、生产职工培训费等的预算。它以独立的项目列入综合预算或总预算中。

6. 什么是分项工程？它与分部工程有什么区别？

答：分项工程是分部工程的组成部分，它是建筑安装工程的基本构成要素，通过较为简单的施工过程就能完成，且可以用适当的计量单位加以计算的建筑安装工程产品。如墙、柱面装饰工程中的内墙面贴瓷砖、内墙面贴花面砖、外墙面贴釉面砖等均为分项工程（图 1-1）。分部工程是单位工程的组成部分，一般是按单位工程的各个部位、主要结构、使用材料或施工方法等的不同而划分的工程。如装饰装修单位工程分为楼地面工程，墙柱面工程，顶棚工程，门窗工程，油漆、涂料工程，脚手架及其他工程等分部工程（图 1-1）。

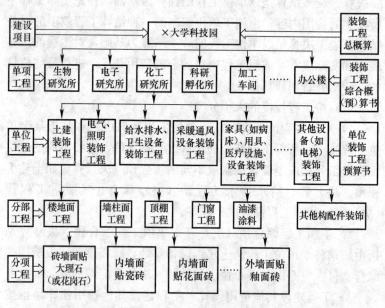

图 1-1　建设项目划分系统图

分项工程是单项工程（或工程项目）的最基本的构成要素，它只是便于计算工程量和确定其单位工程价值而人为设想出来的"假定产品"，这种假想产品对编制工程预算、投标报价，以及编制施工作业计划进行工料分析和经济核算等方面都具有实用价值。企业定额和消耗量定额都是按分项工程甚至更小的子项进行列项编制的，建设项目预算文件（包括装饰项目预算）的编制也是从分项工程（常称定额子目或子项）开始，由小到大，分门别类地逐项计算归并为分部工程，再将各个分部工程汇总为单位工程预算或单项工程总预算。

7. 什么是单位工程？它与单项工程有什么区别？

答：单位工程是可以独立设计，也可以独立施工，但不能形成生产能力与发挥效益的工程。它是单项工程的组成部分，如一个车间由土建工程和设备安装工程组成。人们常称的建筑工程，包括一般土建工程、工业管道工程、电气照明工程、卫生工程、庭院工程等单位工程。设备安装工程包括机械设备安装工程、通风设备安装工程、电器设备安装工程和电梯安装等单位工程。有的单项工程只有一个单位工程，那么这个工程项目既是单项工程，又是单位工程。单位工程是编制设计总概算、单项工程综合概（预）算的基本依据。单位工程价格一般可由编制施工图预算（或单位工程设计概算）确定。

8. 装饰装修工程造价有哪些计价特征？

答：装饰装修工程的特点，决定了装饰装修工程造价有如下的计价特征。

（1）单件性计价

建设的每个项目都有特定的用途和目的，有不同的结构形式、造型及装饰要求，建设施工时可采用不同的工艺设备、建筑材料和施工方案，因此每个建设项目一般只能单独设计、单独建造，只能是单件计价，产品的个别差异性决定了每项工程都必须单独计算造价。

（2）多次性计价

工程项目建设周期长、规模大、造价高，因此按建设程序要分阶段进行建设实施。相应地也要在不同阶段计价，以保证工程造价计算的准确性和控制的有效性。多次性计价是个逐步深化、细化和接近实际工程造价的过程，如图1-2所示。

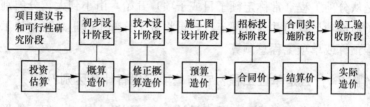

图1-2 多次性计价

（3）分部组合计价

工程造价的计算是分部组合而成的。这一特征和建设项目的组合性有关。一个建设项目是一个综合体。这个综合体可以分解为许多内容。其造价计算过程和计算顺序是：分部分项工程造价—单位工程造价—单项工程造价—建设项目总造价。建设项目的组合性决定了工程造价计价过程是一个逐步组合的过程。

9. 装饰工程造价计价的基本原理是什么?

答：由于装饰产品具有建设地点的固定性、施工的流动性、产品的单件性、施工周期长、涉及面广等特点，建设地点不同，各地人工、材料、机械单价的不同及规费收取标准的不同，各个企业管理水平的不同等因素，决定了建筑产品必须有特殊的计价方法。目前，在我国建筑装饰工程计价的模式有两种，即定额计价模式和工程量清单计价模式。虽然工程造价计价的方法有多种，各不相同，但其计价的基本过程和原理都是相同的。从工程费用计算角度分析，工程造价计价的顺序是：分部分项工程造价—单位工程造价—单项工程造价—建设项目总造价。影响工程造价的主要因素是两个，即单位价格和实物工程数量，可用下列基本计算式表达：

$$工程造价 = \sum(工程量 \times 单位价格)$$

10. 影响装饰装修工程造价的因素有哪些？

答：（1）政策法规性因素

在整个基本建设过程中，装饰工程预算的编制必须严格遵循国家及地方主管部门的有关政策、法规和制度，按规定的程序进行。只有严格按照有关政策法规和制度执行才能有效。

（2）地区性与市场性因素

首先，不同地区的物资供应条件、交通运输条件、现场施工条件、技术协作条件不同。其次，各地区的地形地貌、地质条件不同，这都会给装饰工程概（预）算费用带来较大的影响，即使是同一套设计图样的建筑物或构筑物，由于所建地区的不同，在现场地基处理和基础工程费用上也会产生较大幅度的差异，使得工程造价不同。

（3）设计因素

影响建设投资的关键就在于设计。有资料表明，对项目投资影响最大的阶段，是约占工程项目建设周期四分之一的技术设计结束前的工作阶段。在初步设计阶段，对地理位置、占地面积、建设标准、建设规模以及装饰标准等的确定，对工程费用影响的可能性为 75%～95%。在技术设计阶段，影响工程造价的可能性为 35%～75%。在施工图设计阶段，影响工程造价的可能性为 5%～35%。设计是否经济合理，对工程造价会带来很大影响。

（4）施工因素

在编制装饰工程预算过程中，施工组织设计和施工技术措施的采用，和施工图一样，是编制工程概（预）算的重要依据之一，因此，在施工中采用先进的施工技术，合理运用新的施工工艺，采用新技术、新材料，合理布置施工现场，减少运输总量等，对节约投资有显著的作用。

（5）人员素质因素

装饰工程预算的编制，是一项复杂而细致的工作，要本着公正、实事求是的原则，严禁为了某一方利益，高估冒算，要严格遵守行业道德规范。要想编制一份准确的装饰工程预算，既要熟悉有关预算编制的政策、法规、制度和与定额有关的动态信息，还要求编制人员具有较全面的专业理论和业务知识，只有这样，才能准确无误地编制预算。

11. 项目建设各阶段造价之间的关系如何？

答：建筑装饰工程项目建设各阶段造价之间的关系如图1-3所示。

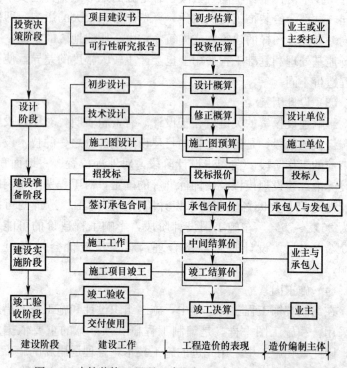

图1-3 建筑装饰工程项目建设各阶段造价之间的关系图

估算确定项目计划投资额，概算确定项目建设投资限额，合同价是承发包工程的交易价格，结算反映承包工程的实际造价，最后以决算形成固定资产价值。在工程造价全过程的管理中，用投资估算价控制设计方案和设计概算造价，用概算造价控制技术设计和修正概算，用概算造价或修正概算造价控制施工图设计和预算造价，用施工图预算或承包合同价控制结算价，最后使竣工决算造价不超过投资限额。工程建设中各种表现形式的造价构成了一个有机整体，前者控制着后者，后者补充着前者，共同达到控制工程造价的目的。

12. 什么是定额计价模式？

答：定额计价模式也叫做工料单价法，定额计价方式是我国传统的计价方式，在招标投标时，不论作为招标标底，还是投标报价，其招标人和投标人都需要按国家规定的统一工程量计算规则计算工程量，然后按建设行政主管部门颁发的预算定额计算人工费、材料费、机械费，再按有关费用标准计取其他费用，汇总得到工程造价。其整个计价过程中的计价依据是固定的，即法定的"定额"。

定额是计划经济时代的产物，在特定的历史条件下，起到了确定和衡量工程造价标准的作用，规范了建筑市场，使专业人士在确定工程计价时有所依据，有所凭借。但定额指令性过强，反映在具体表现形式上，就是施工手段消耗部分统得过死，把企业的技术装备、施工手段、管理水平等本属于竞争内容的活跃因素固定化了，不利于竞争机制的发挥。

13. 什么是工程量清单计价模式？

答：工程量清单计价模式也叫做综合单价法，工程量清单计价方式是为了适应目前工程招标投标竞争中由市场形成工程造价的需要而出现的。《建设工程工程量清单计价规范》中强调："全部使用国有投资或国有投资为主的大中型建设工程应执行本规范"，即在招标投标活动中，必须采用工程量清单计价。

工程量清单计价方式，是指由招标人按照国家统一规定的工程量计算规则计算工程数量，由投标人按照企业自身的实力，根据招标人提供的工程数量，自主报价的一种模式。由于工程数量由招标人提供，增大了招标市场的透明度，为投标企业提供了一个公平合理的基础和环境，真正体现了建设工程交易市场的公平、公正。"工程价格由投标人自主报价"，表示定额不再作为计价的唯一依据，政府不再作任何参与，而是企业根据自身技术专长、材料采购渠道和管理水平等，制定企业自己的报价定额，自主报价。

14. 建筑安装工程费用按费用构成要素如何划分？

答：传统预算定额计价模式下，建筑安装工程费用的构成与工程量清单计价模式有较大差异。根据住房城乡建设部、财政部2013年4月发布的《建筑安装工程费用项目组成》（建标〔2013〕44号），建筑安装工程费用项目构成包括：

（1）直接费　直接费由直接工程费和措施费组成。直接工程费是指施工过程中耗费的构成工程实体和有助于工程形成的各项费用，包括人工费、材料费、施工机械使用费。措施费是为完成工程项目施工，发生于该工程施工前和施工过程中非工程实体项目的费用。

（2）间接费　间接费包括规费和企业管理费。

（3）利润。

（4）税金。

建筑装饰装修工程按费用构成要素构成如图1-4所示。

15. 建筑安装工程费用按造价形成如何划分？

答：工程量清单计价模式的费用构成包括分部分项工程费、措施项目费、其他项目费，以及规费和税金。

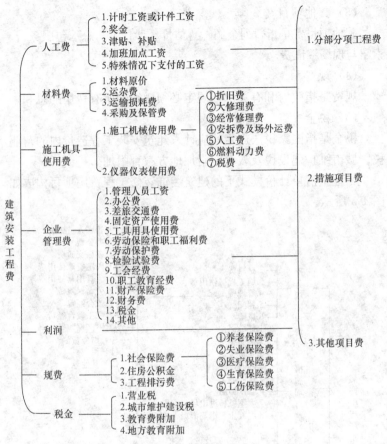

图 1-4 建筑装饰装修工程费用构成要素

（1）分部分项工程费

分部分项工程费是指完成工程量清单列出的各分部分项清单工程量所需的费用，包括人工费、材料费（消耗的材料总和）、机械使用费、管理费、利润以及风险费。

（2）措施项目费

措施项目费是由"措施项目一览表"确定的工程措施项目金额的总和，包括：人工费、材料费、机械使用费、管理费、利润以及风险费。

（3）其他项目费

其他项目费是指暂列金额、暂估价、计日工、总承包服务费、索赔与现场签证费。

（4）规费

规费是指政府和有关部门规定必须缴纳的所有费用的总和。

（5）税金

税金是指国家税法规定的应计入建筑安装工程造价内的营业税、城市维护建设税及教育费附加地方教育附加。

工程量清单计价模式下的建筑装饰装修工程费用项目构成如图 1-5 所示。

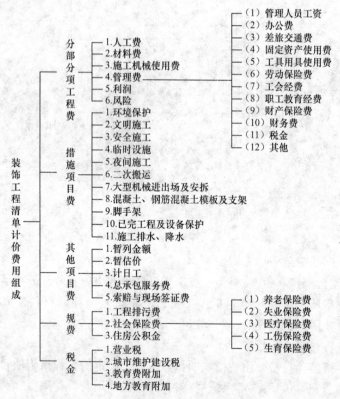

图 1-5 建筑安装工程费用按造价形成划分

16. 装饰装修预算员需要具备哪些知识？

答：作为装饰装修预算员，应具备以下知识：

（1）工程施工基本知识

① 了解脚手架、装饰等相关分部分项工程的施工方法与施工工艺；

② 熟悉主要装饰工程项目施工机械的选型及配置，劳动力资源的配置计算与确定；

③ 掌握施工图纸的阅读，施工方案中有关计价资料的提取与使用。

（2）计价表计价知识

1）工程费用、总说明

① 了解工程费用组成，工程类别的划分；

② 熟悉单独装饰工程的适用范围、作用；

③ 单独装饰工程费用计算程序；

④ 掌握人工工资单价的确定与调整，工程费用的调整与计算。

2）装饰工程计价

① 了解一般装饰项目的定额子目划分与组成；

② 熟悉定额子目的设置及工作内容、工程量计算规则；

③ 掌握定额项目的正确套用与换算。

3）措施项目计价

① 了解单独装饰工程措施项目的种类及包含的费用内容；

② 熟悉单独装饰工程措施项目的计算方式与计算程序；

③ 掌握单独装饰工程措施项目的计算方法，定额措施项目的正确选用与简单换算。

4）合同管理与结算审核

① 熟悉施工合同中有关工程造价的主要条款、规定及要求；

② 掌握一般及中档单独装饰工程预（结）算的编制。

（3）清单法计价知识

1）工程量清单的编制

① 了解计价规范的基本规定，清单中项目内容的组成；

② 熟悉清单工程量计算规则，工程量清单项目的分解、组合；

③ 掌握项目特征的描述，工程量清单项目的编制。

2）工程量清单计价

① 了解清单法计价与工程量清单编制的相互关系，计价规范与计价表的各自作用与相互关系；

② 熟悉工程量清单项目中工程内容的组成，工程量（或含量）的形成；

③ 掌握清单项目工程内容的工程量（或含量）计算，人工、材料、机械用量及价格的取定，综合单价的形成，定额措施项目的设置与工程量（或含量）计算。

3）合同管理与结算审核

① 熟悉招标文件、施工合同中有关工程造价的主要条款、规定及要求；

② 掌握一般及中档单独装饰工程预（结）算的编制。

17. 装饰装修工程施工图预算编制的依据有哪些？

答：装饰装修工程施工图预算，是指在装饰装修工程施工图设计完成后，在装饰装修工程开工之前，根据施工图纸、现场条件以及有关的工程程序要求，按照现行装饰装修工程预算定额、各项费用的取费标准以及有关规定，所编制的一种确定单位装饰装修工程预算造价的经济文件。

编制装饰装修工程施工图预算，主要应具备下列文件和资料：

（1）经过审批后的施工图纸和设计资料

预算部门必须具备经建设单位、设计单位和施工单位共同会审的全套施工图和设计变更通知单，经上述三方签章的图纸会审记录，以及有关的标准图集。完整的装饰装修施工图及其说明，以及图上注明采用的全部标准图是进行预算列项和计算工程量的重要依据之一。

（2）装饰装修工程施工组织设计或施工方案等文件

装饰装修工程施工组织设计具体规定了装饰装修工程中各分部分项工程的施工方法、施工机具、构（配）件加工方式、技术组织措施和现场平面布置等内容，它将直接影响整个装饰装修工程的预算造价，是计算工程量、选套装饰装修工程计价定额和计算其他费用的重要依据。施工组织设计或施工方案必须合理，而且必须经过上级主管部门批准。

（3）本地区现行的装饰装修工程消耗量定额及其他资料

装饰装修工程消耗量定额或取费标准文件，是计算和确定装饰装修工程各项费用和工程造价的重要依据。其他资料一般指国家或地区主管部门，以及工程所在地区的工程造价管理部门所颁布的编制预算的补充规定（如项目划分、取费标准、调整系数等）、文件和说明等资料。

（4）地区单位估价表

地区单位估价表是根据现行的装饰装修工程预算定额、建设地区的材料预算价格、工资标准、机械台班费用和水、电资料等价格编制的。它是现行预算定额中各分项工程及其子项目，在相应地区的价值的货币表现形式，是地区编制装饰装修工程预算的最基本的依据之一。

（5）材料预算价格

工程所在地区不同、运费不同，必将导致材料预算价格的不同。因此，必须以相应地区的材料预算价格进行定额调整或换算，以作为编制装饰装修工程预算的依据。

（6）有关标准图和取费标准

编制装饰装修工程预算，不但要具备全套的施工图纸，而且还要具备所需的一切标准图，包括国家标准图和地区标准图。同时，还要具备相应地区的间接费、利润和税金等费用的取费标准，以作为计算工程量、计取有关费用的依据。

（7）预算手册

在计算工程量过程中，为了简化计算方法，节省计算时间，可以使用符合当地规定的建筑材料手册和预算手册编制施工图预算。例如，金属材料每 1m 的质量等均可以从建筑材料手册中查出。这样可以方便计算，节省时间。

（8）装饰装修工程施工合同或协议书

施工合同是发包单位和承包单位履行双方各自承担的责任和分工的经济契约，也是当事人按有关法令、条例签订的权利和义务的协议。它明确了双方的责任及分工协作、互相制约、互相促进的经济关系。经双方签订的合同包括双方同意的有关修改承包合同的设计和变更文件，承包范围，结算方式，包干系数的确定，材料数量、质量和价格的调整、协商记录，会议纪要，以及资料和图表等。这些都是编制装饰装修工程预算的主要依据。

（9）其他资料

其他资料一般指国家或地区主管部门，以及工程所在地区的工程造价管理部门所颁布的编制预算的补充规定（如项目划分、取费标准、调整系数等）、文件和说明等资料。

（10）批准的工程项目设计总概算文件

设计总概算在规定各拟建项目投资最高限额的基础上，对各单位工程也规定了相应的投资额。目前，装饰装修工程已成为一个独立的单位工程，对其投资额也作了明确的限制。因此，在编制装饰装修工程预算时，必须以此为依据，使装饰装修工程预算造价不能突破单位工程概算中所规定的限额。

18. 装饰装修施工图预算编制条件是什么？

答：编制装饰装修工程预算，必须具备下列条件：

（1）施工图纸经过审批、交底后，必须由建设单位、设计单位和施工单位共同认可。

（2）施工单位编制的施工组织设计，必须经其主管部门批准。

（3）建设单位和施工单位在材料、构件、半成品等加工、订货和采购等方面必须有明确分工。

（4）参加编制预算的人员，必须具有经有关部门进行考核合格后签发的相应执业资格证书。

19. 装饰装修工程概（预）算的编制程序是什么？

答：编制装饰装修工程概（预）算，在满足编制条件的前提下，一般可按下列程序进行：

（1）收集有关编制装饰装修工程施工图预算的基础资料

包括经过交底会审后的施工图纸、批准的设计总概算书、施工组织设计和有关的技术组织措施、国家和地区主管部门颁布的现行装饰装修工程预算定额、人工工资标准、材料预算价格、机械台班价格、单位估价表（包括各种补充规定）及各项费用的收费标准、有关的预算工作手册、标准图集、工程施工合同和现场情况等资料。

（2）熟悉审核图样内容、掌握设计意图

施工图纸是编制预算的主要依据。预算人员在编制预算之前应充分、全面地熟悉、审核施工图纸，了解设计意图，掌握工程全貌，这是准确、迅速地编制装饰装修工程施工图预算的关键。熟悉审核的施工图纸，一般包括下列图纸：

1）整理施工图纸。装饰装修工程施工图纸，应按目录上所排列的总说明、平面图、立面图、剖面图，以及构造详图等顺序进行整理，将目录放在首页，装订成册，以防使用过程中引起混乱，造成损失。

2）审核施工图纸。审核施工图纸的目的就是看其是否齐全，根据施工图纸的目录，对全套图纸进行核对，发现缺少时应及时补全，同时收集有关的标准图集。

3）熟悉图纸。熟悉施工图是正确计算工程量的关键。经过对施工图纸进行整理、审核后，就可以进行阅读。其目的在于了解该装饰装修工程中，各图样之间、图样与说明之间有无矛盾和错误；各设计标高、尺寸、室内外装饰材料和做法要求，以及施工中应注意的问题；采用的新材料、新工艺、新构件和新配件等是否需要编制补充定额或单位估价表；各分项工程的构造、尺寸和规定的材料品种、规格以及它们之间的相互关系是否明确；相应项目的内容与定额规定的内容是否一致等。同时做好记录，为精确计算工程量、正确套用定额项目创造条件。

4）交底会审。施工单位在熟悉和审核图纸的基础上，如果发现一些问题，必须参加由建设单位主持、设计单位参加的图纸交底会审会议，以便妥善地解决自审中发现的问题。

（3）熟悉施工组织设计和施工现场情况

施工组织设计具体地规定了组成拟建工程各分项工程的施工方法、施工进度和技术组织措施等，是施工单位根据施工图纸、组织施工的基本原则和上级主管部门的有关规定以及现场的实际情况等资料编制的，用以指导拟建工程施工过程中各项活动的技术、经济组织的综合性文件。编制装饰装修工程预算前应熟悉并注意施工组织设计中影响工程预算造价的有关内容，严格按照施工组织设计所确定的施工方法和技术组织措施等要求，准确计算工程量，套取相应的定额项目，使施工图预算能够反映客观实际。

（4）熟悉预算定额或单位估价表

预算定额或单位估价表是编制装饰装修工程预算的基础资料和主要依据。因此，编制预算之前，熟悉和了解预算定额或单位估价表的内容、形式和使用方法，是迅速、准确地确定工程项目、计算工程量的根本保证。

（5）确定工程计算项目

在熟悉图纸的基础上，列出全部所需编制的预算工程项目，并根据预算定额或单位估价表，将设计中有关定额上没有的项目单独列出来，以便编制补充定额或采用实物造价法进行计算。

(6) 计算工程量

计算工程量是一项繁重而细致的工作，它的计算精确度和速度直接影响装饰预算编制的质量和速度。按一定的计算顺序和规则进行各分项工程量计算，计算完毕并仔细复核无误后，应根据概（预）算定额手册或单位估价表的内容、计量单位的要求，按分部分项工程的顺序逐项汇总、整理，以避免重复计算和漏算等现象的产生，为套用预算定额或单位估价表提供方便条件。工程量计算表形式见表1-4。

<table>
<tr><td colspan="6" align="center">**工程量计算表**   **表 1-4**</td></tr>
<tr><td colspan="5">工程名称：</td><td>第 页</td></tr>
<tr><td>定额编号</td><td>项目名称</td><td>轴线位置</td><td>单位</td><td>计算公式</td><td>数量</td></tr>
<tr><td></td><td></td><td></td><td></td><td></td><td></td></tr>
</table>

为了防止重复计算和漏算，在计算工程量时应考虑定额项目的排列顺序，可采用以下几种方法进行计算：

1）顺时针计算法。这种方法可从图纸左上角开始，从左向右循环一周后，又回到左上角原开始点为止，如图1-6所示。在计算外装饰、楼地面、顶棚等分部分项工程时，均可按此计算法进行工程量计算。

图 1-6 顺时针计算法

2）横竖分割计算法。它是指按照先横后竖、先上后下、先左后右的顺序进行工程量的计算，如图1-7所示。

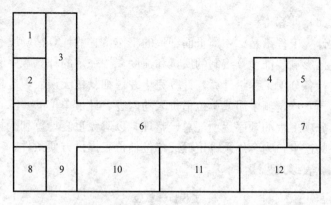

图 1-7　横竖分割计算法

3）轴线计算法。它是指按照图纸上轴线的编号进行工程量计算的方法。如酒吧、舞池、大厅等多采用此法进行计算。

（7）工程量汇总

各分项工程量计算完毕，经仔细复核无误后应根据概（预）算定额手册或单位估价表的内容、计量单位的要求，按分部分项工程的顺序逐项汇总、整理，以防止工程量计算时对分项工程的遗忘或重复，为套用预算定额或单位估价表提供方便条件。

（8）套用预算定额和单位估价表

根据所列项目和汇总的工程量，经再次核对无误后，就可以进行套用预算定额或单位估价表的工作。

1）当分项工程与定额规定的内容一致时，将分项工程项目及其相应的工程量、相应定额编号和计量单位及相应定额基价中的人工费、材料费和机械费填入工程预算表内。

2）当分项工程内容与定额规定的内容不一致时，对在定额的总说明或各章节说明中规定允许换算的项目，应按换算方法进行换算后，按 1）中所述填写预算表；对在定额总说明或各章节说明中规定不允许换算的项目，可直接按 1）中所述填写预算表。

3）当根据施工图纸确定的计算项目在预算定额或单位估价

表中没有时，可编制补充定额或单位估价表，并将所编补充定额或单位估价表，注明"补充"二字后，按1)中所述套定额即可得出直接费。

(9) 计算各项费用

定额直接费求出后，按有关的费用定额即可进行其他直接费、间接费、其他费用和税金等的计算。

(10) 比较分析

各项费用计算结束，即形成了装饰装修工程预算造价。此时，还必须与设计总概算中装饰装修工程概算部分进行比较，如前者没有突破后者，则进行下一步；否则，要查找原因，纠正错误，保证预算造价在装饰装修工程概算投资额内。确实因工程需要的改变而突破总投资所规定的百分比，必须向有关部门重新申报。

(11) 工料分析、计算汇总人工、材料数量，列出用量清单

根据分部分项工程量，按定额编号从装饰预算定额中查出各分项工程定额计量单位人工、材料的数量，并以此计算出相应分项工程所需人工和各种材料的消耗量，最后汇总计算出该装饰装修工程所需人工、各种材料的总消耗量，填入"工料分析表"，见表1-5。将所有工料分析表中的人工和各种材料分不同类别的规格进行汇总，列出详细品名和数量清单。

工料分析表　　　　　　　表 1-5

工程名称　　　　　　　　　　　　　　　　　　　　　　第　页

定额编号	项目名称	工程量		综合人工工日		材料名称单位				
		单位	数量	定额	合计	定额	合计	定额	合计	

如果需要，也可用同样的方法分析求得各种机械台班消耗量。

(12) 编制装饰装修工程预算书

根据各项费用计算，求得相应的技术经济指标后，就要编制

装饰装修工程预算书。装饰装修工程预算书主要包括如下内容：

1）工程预算书封面。

2）编制工程预算汇总表。

3）编写装饰装修工程预算的编制说明。编制说明是预算文件的一个补充说明书，编制说明列明预算的编制对象、工程概况、编制依据、预算中已经考虑和未考虑的问题等，以便审核和结算时有所参考。

4）编制工程预算表，装订成册。填写预算书的封面，编制工程预算汇总表。将装饰装修工程预算书封面、编制说明、工程预算汇总表、工程预算表、材差计算表、工料分析汇总表、工料分析表和工程量计算表等按顺序进行整理，装订成册。装订时可根据不同的用途，详略得当，分别装订。

5）交主审部门或单位进行审核。装饰装修工程预算是装饰装修工程建设施工过程中的重要文件，它编制的准确程度是通过复审来对比衡量的。对装饰装修工程预算的审查，直接关系到建设单位和施工单位的经济利益，同时也反映出装饰装修工程造价的合理性和严肃性。

20. 建筑装饰工程预（结）算审查内容有哪些？

答：建筑装饰工程预（结）算审查一般从以下几个方面进行审查。

（1）审查编制依据

1）审查预（结）算编制中所采用的编制依据的合法性，编制依据是否经过国家有关部门的批准，未经批准的一律无效。

2）审查预（结）算编制中所采用的编制依据的适用范围是否正确。

3）审查预（结）算编制中所采用的编制依据的时效性，是否在国家规定的有效期内，有无调整和新规定。

（2）审查设计图样、施工组织设计

审查建筑装饰工程预（结）算所依据的设计图样是否齐全，

施工组织设计是否合理，不同的施工组织设计会对工程预（结）算造成很大的影响。例如，土方工程采用人工开挖或机械开挖等应与所列项目和内容一致。

（3）审查技术经济指标和工程造价

首先，应审查工程造价是否控制在设计概算所规定的限额内，如超过设计概算，应对设计图样进行修改，以保证其不突破概算。另外，审查各项技术经济指标是否超过同类工程的参考指标，审查重点是工程量计算是否正确，定额套用、各项取费标准是否符合现行规定或单价计算是否合理。审查的具体内容如下：

1）审查工程量　对施工图预（结）算中的工程量，可根据工程量计算表，并对照施工图尺寸进行审查。主要审查其工程量是否有漏算、重算和错算。审查工程量主要依据工程量计算规则进行，注意审查是否按照规定工程量计算规则计算工程量，编制预算时是否考虑了施工方案对工程量的影响，定额中要求扣除项或合并项是否按规定执行，工程量的计量单位设定是否与要求的计量单位一致。

审查工程量时，可采用抽查法：一种是抓住那些占预（结）算价值比例较大的重点项目进行，而一般的分项就可免审；另一种是参照技术经济指标，对各分项工程量进行核对，发现超指标幅度较多时，应进行重点审查，当出现与指标幅度相近时，就可免于审查。

审查人员必须熟悉设计图样、工程量计算规则。

2）审查单价　编制建筑装饰预（结）算时，计算完工程量就要套用定额子目，定额子目的正确套用是确定工程造价的关键工作之一，进行审查时，主要从以下几个方面入手：

① 直接套用定额的项目，审查分项工程的工作内容、规格、计量单位是否与定额中所列内容一致。由于定额内容比较复杂，各种项目和构、配件的形式不同，工料消耗也不同，单价也就不同，若套错定额项目，就会影响计算的准确性。

② 换算定额子目的项目，主要审查所换算的分项工程项目

是否符合换算条件；应进行换算的，其换算方法是否正确。

③ 补充定额子目的审查，在编制建筑装饰预（结）算时，往往有些分项定额并未列入现行定额中，需要编制分项工程的补充定额。审查补充定额时，应重点审查其计算依据、计算方法是否按国家规定进行，其人工、材料、机械台班的消耗量及价格确定是否合理。

对于采用实物法编制的预算，还应审查资源单价是否反映了市场供需状况和市场趋势。

3）审查各项费用的汇总 建筑装饰预（结）算中各分项工程汇总时容易出现计算错误、项目重复汇总等现象，因此审查时一定要重新核算汇总的数值。

（4）审查其他有关费用

采用预算单价法计算造价时，审查的主要内容有：是否按本项目的性质取费，有无高套取费标准，利润和税金的计算基础和费率是否符合规定，有无多算和重算。

第二章　装饰装修预算员应具备的专业知识

第一部分　装饰工程施工图识读

1. 装饰工程施工图有哪些特点？

答：装饰施工图与建筑施工图一样，均是按国家有关现行建筑制图标准，采用相同的图例，按照正投影原理绘制而成的。装饰施工图与建筑施工图相比，具有以下自身的特点：

（1）装饰施工图是设计师与客户的共同结晶。装饰设计直接面临的是最终用户或房间的直接使用者，他们的要求、理想都明白地表达给设计者，有些客户还直接参与设计的每一阶段，装饰施工图必须得到他们的认可与认同。

（2）装饰施工图具有易识别性。装饰施工图交流的对象不仅仅是专业人员，还包括各种客户群，为了让他们一目了然，增加沟通能力，在设计中采用的图例大都具有形象性。如，在家具装饰图中，人们很容易分辨出床、沙发、茶几、电视、空调、桌椅，人们大都能从直观感觉中分辨出地面材质，如木地面、地毯、地砖、大理石等。

（3）装饰施工图涉及的范围广，图示标准不统一。装饰施工图不仅涉及建筑，还包括家具、机械、家用电器设备；不仅包括材料，还包括成品和半成品。建筑的、机械的、设备的规范都在执行与遵守，这就为统一的规程造成了一定的难度。另外，目前国内的室内设计师成长和来源渠道不同，更造就了规范标准的不统一。目前，学院教育遵循的建筑制图有关规范和标准，正在被大众接受和普及。

（4）装饰施工图涉及的做法多，选材广，必要时应提供材料样板。装饰的目的最终由界面的表观特征来表现，包括材料的色彩、纹理、图案、软硬、刚柔、质地等属性。如，内墙抹灰根据装饰效果就有光滑、拉毛、扫毛、仿面砖、仿石材、刻痕、压印等多种效果，加上色彩和纹理的不同，最终的结果千变万化，必须提供材料样板方可操作。再如，大理石产地不同、色泽不同、名称很难把握，加上其表面根据装饰需要可凿毛、烧毛、压光、镜面等加工，无样板也很难对比，对于常说的乳胶漆就更难把握了。

（5）装饰施工详图多。目前国家装饰标准图集较少，而装饰节点又较多，因此，设计人员应将每一节点的形状、大小、连接和材料要求详细地表达出来。

2. 装饰施工图由哪些部分组成？

答：建筑装饰施工图分为基本图和详图两部分。基本图包括装饰平面图、装饰立面图、装饰剖面图，详图包括装饰构（配）件详图和装饰节点详图。

装饰装修工程图由效果图、建筑装饰施工图和室内设备施工图组成。从某种意义上讲，效果图也是施工图。在施工中，它是形象、材质、色彩光影与氛围等艺术处理的重要依据，是装饰装修工程所特有的、必备的施工图样。它所表现出来的诱人观感的整体效果，不单是为了招标投标时引起甲方的好感，更是施工生产者所刻意追求且最终应该达到的目标。

3. 装饰装修工程施工图如何排序？

答：装饰装修工程施工图纸的编排顺序原则是：表现性图纸在前，技术性图纸在后；装饰施工图在前，室内配套设备施工图在后；基本图在前，详图在后；先施工的在前，后施工的在后。

由于装饰装修工程是在已经确定的建筑实体上或其空间内进行的，因而其图纸首页一般都不安排总平面图。而是将图纸中未能详细标明或图样不易标明的内容写成设计施工总说明，并将门、窗和图纸目录归纳成表格，然后把这些内容放于首页。

装饰装修施工图简称"饰施"，室内设备施工图可简称为"设施"，也可按工种不同，分别简称为"水施"、"电施"和"暖施"等。这些施工图都应在图纸标题栏内注写自身的简称（图别）与图号，如"饰施1"、"设施1"等。

4. 装饰装修工程施工图的常用图例有哪些?

答：（1）材料图例。常用装饰装修材料应按表2-1中所列图例画法绘制。

常用材料图例　　　　　　表 2-1

序　号	名　　称	图　例	备　　注
1	砂、灰土		靠近轮廓线绘较密的点
2	砂砾石、碎砖三合土		
3	石材		
4	毛石		
5	普通砖		包括实心砖、多孔砖、砌块等砌体，断面较窄不易绘出图例线时，可涂红
6	耐火砖		包括耐酸砖等砌体
7	空心砖		指非承重砖砌体
8	饰面砖		包括铺地砖、陶瓷锦砖、人造大理石等
9	焦渣、矿渣		包括与水泥、石灰等混合而成的材料

序号	名称	图例	备注
10	多孔材料		包括水泥珍珠岩、沥青珍珠岩、泡沫混凝土、非承重加气混凝土、蛭石制品、软木等
11	纤维材料		包括矿棉、岩棉、玻璃棉、麻丝、木丝板、纤维板等
12	泡沫塑料材料		包括聚苯乙烯、聚乙烯、聚氨酯等多孔聚合物类材料
13	木材		(1) 上图为横断面、上左图为垫木、木砖或木龙骨 (2) 下图为纵断面
14	胶合板		应注明为×层胶合板
15	石膏板		包括圆孔石膏板、方孔石膏板、防水石膏板等
16	金属		(1) 包括各种金属。 (2) 图形小时,可涂黑
17	网状材料		(1) 包括金属、塑料网状材料。 (2) 应注明具体材料名称
18	液体		应注明具体液体名称
19	玻璃		包括平板玻璃、磨砂玻璃、夹丝玻璃、钢化玻璃、加层玻璃、镀膜玻璃、中空玻璃等
20	橡胶		
21	塑料		包括各种软、硬塑料及有机玻璃等
22	防水材料		构造层次多或比例大时,采用上面图例
23	粉刷		本图例采用较疏的点

(2) 建筑构造及配件图例。常用建筑装饰装修构造及配件图例见表 2-2。

序号	名　称	图　例	备　注
1	墙体	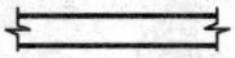	应加注文字或填充图例表示墙体材料，在项目设计图纸说明中列材料图例表给予说明
2	隔断	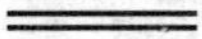	（1）包括板条抹灰、木制、石膏板、金属材料等隔断。 （2）适用于到顶与不到顶隔断
3	栏杆	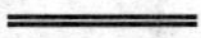	
4	楼梯	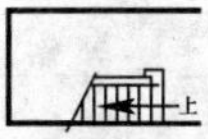 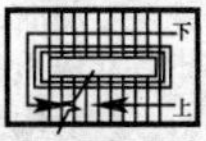 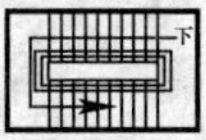	（1）上图为底层楼梯平面，中图为中间层楼梯平面，下图为顶层楼梯平面。 （2）楼梯及栏杆扶手的形式和梯段踏步数应按实际情况绘制
5	坡道	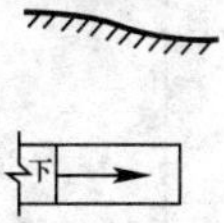 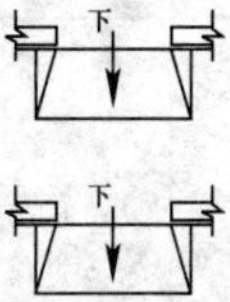	上图为长坡道，下图为门口坡道
6	平面高差	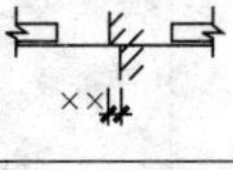	适用于高差小于 100mm 的两个地面或楼面相接处
7	检查孔	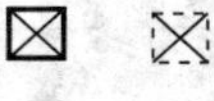	左图为可见检查孔 右图为不可见检查孔
8	孔洞		阴影部分可以涂色代替
9	坑槽		
10	墙预留洞	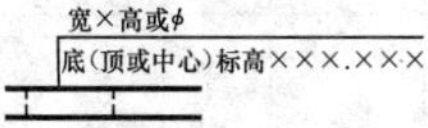 宽×高或ϕ 底（顶或中心）标高×××.×××	（1）以洞中心或洞边定位。 （2）宜以涂色区别墙体和留洞位置
11	墙预留槽	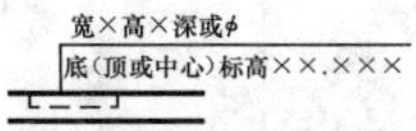 宽×高×深或ϕ 底（顶或中心）标高×××.×××	

31

序号	名 称	图 例	备 注
12	烟道		(1) 阴影部分可以涂色代替。 (2) 烟道与墙体为同一材料,其相接处墙身线应断开
13	通风道		
14	新建的墙和窗		(1) 本图以小型砌块为图例,绘图时应按所用材料的图例绘制,不易以图例绘制的,可在墙面上以文字或代号注明。 (2) 小比例绘图时平、剖面窗线可用单粗实线表示
15	改建时保留的原有墙和窗		
16	应拆除的墙		
17	在原有墙或楼板上新开的洞		
18	在原有洞旁扩大的洞		
19	在原有墙或楼板上全部填塞的洞		

序号	名 称	图 例	备 注
20	在原有墙或楼板上局部填塞的洞	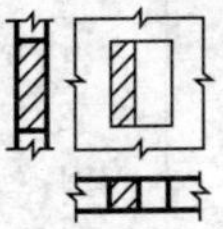	
21	空门洞	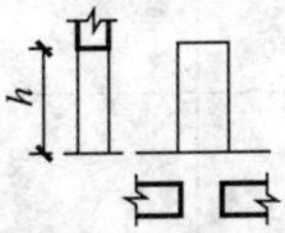	h 为门洞高度
22	单扇门（包括平开或单面弹簧）	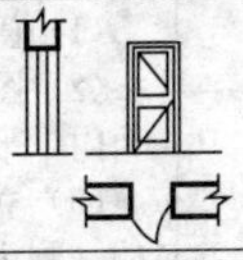	(1) 门的名称代号用 M。 (2) 图例中剖面图左为外、右为内，平面图下为外、上为内。 (3) 立面图上开启方向线交角的一侧为安装合页的一侧，实线为外开，虚线为内开。 (4) 平面图上门线应 90°或 45° 开启，开启弧线宜绘出。 (5) 立面图上的开启线在一般设计图中可不表示，在详图及室内设计图上应表示。 (6) 立面形式应按实际情况绘制
23	双扇门（包括平开或单面弹簧）	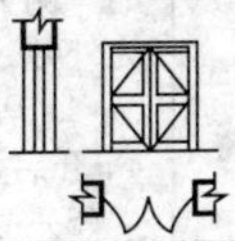	
24	对开折叠门	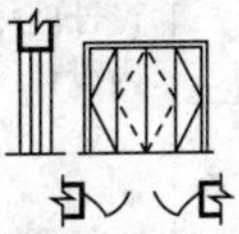	
25	推拉门		
26	墙外单扇推拉门	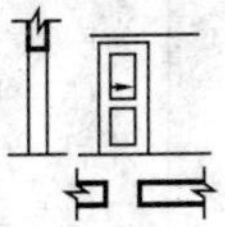	(1) 门的名称代号用 M。 (2) 图例中剖面图左为外、右为内，平面图下为外、上为内。 (3) 立面形式应按实际情况绘制
27	墙外双扇推拉门	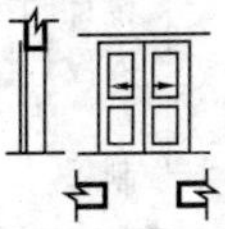	
28	墙中单扇推拉门		

序号	名　称	图　例	备　注
29	墙中双扇推拉门	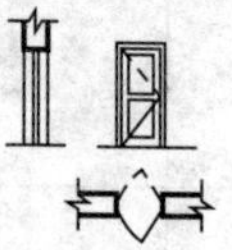	(1) 门的名称代号用 M。 (2) 图例中剖面图左为外、右为内，平面图下为外、上为内。 (3) 立面形式应按实际情况绘制
30	单扇双面弹簧门	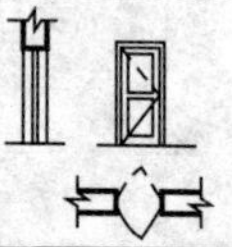	(1) 门的名称代号用 M。 (2) 图例中剖面图左为外、右为内，平面图下为外、上为内。 (3) 立面图上开启方向线交角的一侧为安装合页的一侧，实线为外开，虚线为内开。 (4) 平面图上门线应为 90° 或 45° 开启，开启弧线宜绘出。 (5) 立面图上的开启线在一般设计图中可不表示，在详图及室内设计图上应表示。 (6) 立面形式应按实际情况绘制
31	双扇双面弹簧门	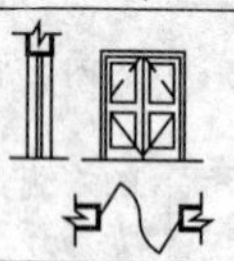	
32	单扇内外开双层门（包括平开或单面弹簧）	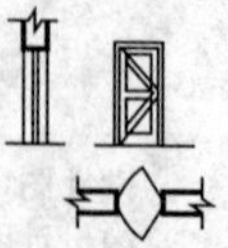	
33	双扇内外开双层门（包括平开或单面弹簧）	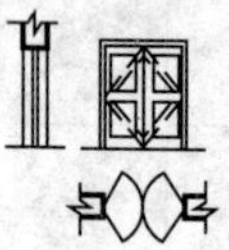	
34	转门	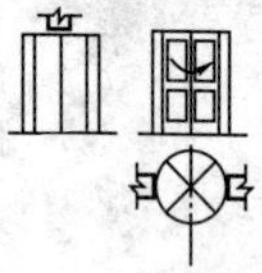	(1) 门的名称代号用 M。 (2) 图例中剖面图左为外、右为内，平面图下为外、上为内。 (3) 平面图上门线应 90° 或 45° 开启，开启弧线宜绘出。 (4) 立面图上的开启线在一般设计图中可不表示，在详图及室内设计图上应表示。 (5) 立面形式应按实际情况绘制
35	自动门	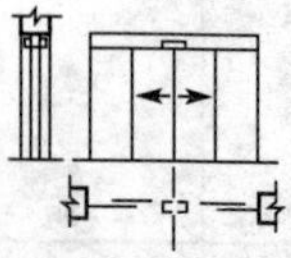	(1) 门的名称代号用 M。 (2) 图例中剖面图左为外、右为内，平面图下为外、上为内。 (3) 立面形式应按实际情况绘制

34

序号	名　称	图　例	备　注
36	折叠上翻门	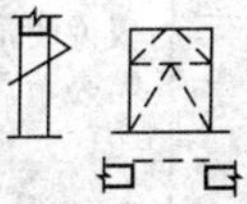	(1) 门的名称代号用 M。 (2) 图例中剖面图左为外、右为内，平面图下为外、上为内。 (3) 立面图上开启方向线交角的一侧为安装合页的一侧，实线为外开，虚线为内开。 (4) 立面形式应按实际情况绘制。 (5) 立面图上的开启线在设计图中应表示
37	竖向卷帘门	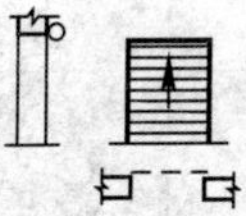	
38	横向卷帘门	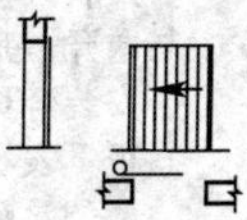	(1) 门的名称代号用 M。 (2) 图例中剖面图左为外、右为内，平面图下为外、上为内。 (3) 立面形式应按实际情况绘制
39	提升门	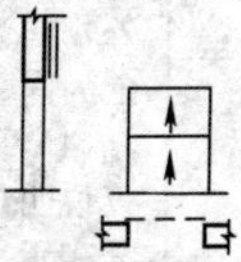	
40	单层固定窗	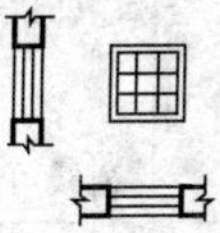	(1) 窗的名称代号用 C 表示。 (2) 立面图中的斜线表示窗的开启方向，实线为外开，虚线为内开；开启方向线交角的一侧为安装合页的一侧，一般设计图中可不表示。 (3) 图例中，剖面图所示左为外，右为内，平面图所示下为外，上为内
41	单层外开上悬窗	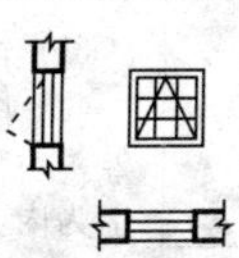	
42	单层中悬窗	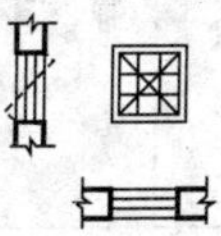	

序号	名 称	图 例	备 注
43	单层内开下悬窗	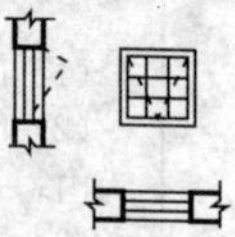	
44	立转窗	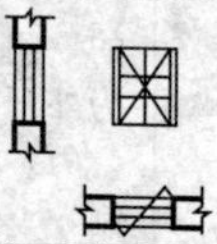	（4）平面图和剖面图上的虚线仅说明形状方式，在设计图中不需表示。 （5）窗的立面形式应按实际绘制。 （6）小比例绘图时平、剖面的窗线可用单粗实线表示
45	单层外开平开窗	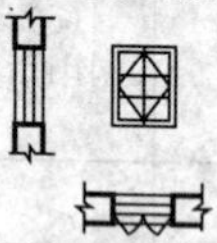	
46	单层内开平开窗		（1）窗的名称代号用C表示。 （2）立面图中的斜线表示窗的开启方向，实线为外开，虚线为内开；开启方向线交角的一侧为安装合页的一侧，一般设计图中可不表示。 （3）图例中，剖面图所示左为外，右为内，平面图所示下为外，上为内。
47	双层内外开平开窗	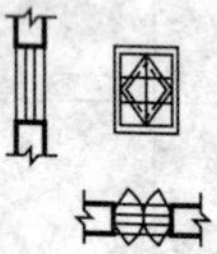	（4）平面图和剖面图上的虚线仅说明形状方式，在设计图中不需表示。 （5）窗的立面形式应按实际绘制。 （6）小比例绘图时平、剖面的窗线可用单粗实线表示
48	推拉窗	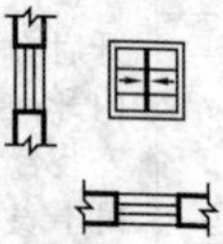	（1）窗的名称代号用C表示。 （2）图例中，剖面图所示左为外，右为内，平面图所示下为外，上为内。 （3）窗的立面形式应按实际绘制。 （4）小比例绘图时平、剖面的窗线可用单粗实线表示
49	上推窗	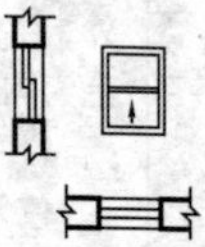	

序号	名　称	图　例	备　注
50	百叶窗		（1）窗的名称代号用 C 表示。 （2）立面图中的斜线表示窗的开启方向，实线为外开，虚线为内开；开启方向线交角的一侧为安装合页的一侧，一般设计图中可不表示。 （3）图例中，剖面图所示左为外，右为内，平面图所示下为外，上为内。 （4）平面图和剖面图上的虚线仅说明形状方式，在设计图中不需表示。 （5）窗的立面形式应按实际绘制
51	高窗		（1）窗的名称代号用 C 表示。 （2）立面图中的斜线表示窗的开启方向，实线为外开，虚线为内开；开启方向线交角的一侧为安装合页的一侧，一般设计图中可不表示。 （3）图例中，剖面图所示左为外，右为内，平面图所示下为外，上为内。 （4）平面图和剖面图上的虚线仅说明形状方式，在设计图中不需表示。 （5）窗的立面形式应按实际绘制。 （6）h 为窗底距本层楼地面的高度

（3）卫生间设备及水池图例。卫生间设备及水池图例见表 2-3。

卫生间设备及水池图例　　　　　　表 2-3

序号	名　称	图　例	备　注
1	立式洗脸盆		
2	台式洗脸盆		

序号	名　称	图　例	备　注
3	挂式洗脸盆		
4	浴盆		
5	化验盆、洗涤盆		
6	带沥水板洗涤盆		不锈钢制品
7	盥洗槽		
8	污水池		
9	妇女卫生盆		
10	立式小便器		
11	壁挂式小便器		
12	蹲式大便器		
13	坐式大便器		
14	小便槽		
15	淋浴喷头		

5. 装饰装修工程平面图的主要内容和表示方法有哪些?

答：装饰装修平面图包括装饰装修平面布置图和顶棚平面图。

装饰装修平面布置图是假想用一个水平的剖切平面，在窗台上方位置，将经过内外装饰的房屋整个剖开，移去以上部分而向下所作的水平投影图。它的作用主要是用来表明室内外各种装饰布置的平面形状、位置、大小和所用材料，表明这些布置与建筑主体结构之间，以及各布置之间的相互关系等。

顶棚平面图有两种形成方法：一是假想房屋水平剖开后，移去下面部分而向上直接正投影而成；二是采用镜像投影法，将地面视为镜面，对镜中顶棚的形象作正投影而成。顶棚平面图一般都采用镜像投影法绘制。

顶棚平面图的作用主要是用来表明顶棚装饰的平面形式、尺寸和材料、灯具以及其他各种室内顶部设施的位置和大小等。

装饰装修平面布置图和顶棚平面图，都是建筑装饰装修施工放样、制作安装、预算和备料，以及绘制室内有关设备施工图的重要依据。

上述两种平面图，其中以平面布置图的内容尤其繁杂，加上平面图控制了水平面纵横两轴的尺寸数据，而且其他视图又多由其引出，因而是识读装饰装修施工图的重点和基础。

（1）装饰装修平面布置图的主要内容和表示方法

1）建筑平面基本结构和尺寸。装饰装修平面布置图应表示出建筑平面图的有关内容，包括建筑平面图上由剖切引起的墙柱断面和门窗洞口、定位轴线及其编号、建筑平面结构的各部尺寸、室外台阶、雨篷、花台、阳台及室内楼梯和其他细部布置等内容。在无特殊要求的情况下，上述内容均应按照原建筑平面图套用，具体表示方法与建筑平面图相同。

2）装饰结构的平面形式和位置。装饰装修平面布置图需要表明楼地面、门窗和门窗套、护壁板或墙裙、隔断、装饰柱等装饰结构的平面形式和位置。

3）室内外配套装饰设置的平面形状和位置。装饰平面布置图还要标明室内家具陈设、绿化、配套产品和室外水池、装饰小品等配套设置的平面形状、数量和位置。这些布置当然不能将实物原形画在平面布置图上，只能借助一些简单、明确的图例来表示。

（2）顶棚平面图的基本内容与表示方法

1）表明墙柱和门窗洞口位置。顶棚平面图一般都采用镜像投影法绘制。用镜像投影法绘制的顶棚平面图，其图形上的前后、左右位置与装饰装修平面布置图完全相同，纵横轴线的排列也与之相同。因此，在标注了墙柱断面和门窗洞口以后，不必要重复标注轴间尺寸、洞口尺寸和洞间墙尺寸，这些尺寸可对照平面布置图阅读。定位轴线和编号也不必每轴都标，只在平面图形的四角部分标出，能确定它与平面布置图的对应位置。顶棚平面图一般不画出门扇及其开启方向线，只示意出门窗过梁底面。为区别门洞与窗洞，窗扇用一条细虚线表示。

2）表明顶棚装饰造型的平面形式和尺寸，并通过附加文字说明其所用材料、色彩及工艺要求。顶棚的跌级变化应结合造型平面分区线，用标高的形式来表示，由于所注是顶棚各构件底面的高度，因而标高符号的尖端应向上。

3）表明顶部灯具的种类、式样、规格、数量及布置形式和安装位置。

顶棚平面图上的小型灯具按比例画出其正投影外形轮廓，力求简明、概括并附加文字说明。

4）表明空调风口、顶部消防与音响设备等设施的布置形式与安装位置。

5）表明墙体顶部有关装饰配件（如窗帘盒、窗帘等）的形式和位置。

6）表明顶棚剖面构造详图的剖切位置及剖面构造详图的所在位置。

作为基本图的装饰剖面图，其剖切符号不在顶棚图上标注。

6. 如何识读装饰装修平面布置图？

答：（1）看装饰装修平面布置图，要先看图名、比例、标题栏，认定该图是什么平面图。再看建筑平面基本结构及其尺寸，把各房间名称、面积，以及门窗、走廊、楼梯等的主要位置和尺寸了解清楚。然后看建筑平面结构内的装饰结构和装饰设置的平面布置等内容。

（2）通过对各房间和其他空间主要功能的了解，明确为满足功能要求所设置的设备与设施的种类、规格和数量，以便制定相关的购买计划。

（3）通过图中对装饰面的文字说明，了解各装饰面对材料规格、品种、色彩和工艺制作的要求，明确各装饰面的结构材料与材料的衔接关系与固定方式，并结合面积做好材料计划和施工安排计划。

（4）在众多的尺寸中，要注意区分建筑尺寸和装饰尺寸。在装饰尺寸中，又要能分清其中的定位尺寸、外形尺寸和结构尺寸。

定位尺寸是确定装饰面或装饰物在平面布置图上位置的尺寸。在平面图上需两个定位尺寸才能确定一个装饰物的平面位置，其基准往往是建筑结构面。

外形尺寸是装饰面或装饰物的外轮廓尺寸，由此可确定装饰面或装饰物的平面形状与大小。

结构尺寸是组成装饰面和装饰物各构件及其相互关系的尺寸。由此可确定各种装饰材料的规格，以及材料之间、与主体结构之间的连接固定方法。

（5）通过平面布置图上的投影符号，明确投影面编号的投影方向，并进一步查出各投影方向的立面图。

（6）通过平面布置图上的剖切符号，明确剖切位置及其剖视方向，进一步查阅相应的剖面图。

（7）通过平面布置图上的索引符号，明确被索引部位及详图所在位置。

概括起来，阅读装饰装修平面布置图应抓住面积、功能、装饰面、设施以及与建筑结构的关系这五个要点。

7. 如何识读装饰装修顶棚平面图？

答：（1）首先应弄清楚顶棚平面图与平面布置图各部分的对应关系，核对顶棚平面图与平面布置图在基本结构和尺寸上是否相符。

（2）对于有迭级变化的顶棚，要分清它的标高尺寸及线形尺寸，并结合造型平面分区线，在平面上建立起二维空间的尺度概念。

（3）通过顶棚平面图，了解顶部灯具和设备设施的规格、品种与数量。

（4）通过顶棚平面图上的文字标注，了解顶棚所用材料的规格、品种及其施工要求。

（5）通过顶棚平面图上的索引符号，找出详图对照阅读，弄清楚顶棚的详细构造。

8. 装饰装修立面图的主要内容和表示方法如何？

答：装饰装修立面图包括室外装饰立面图和室内装饰立面图。内容如下：

（1）图名、比例和立面图两端的定位轴线及其编号。

（2）在装饰装修立面图上使用相对标高，即以室内地面为标高零点，并以此为基准来标明装饰立面图上有关部位的标高。

（3）表明室内外立面装饰的造型和式样，并用文字说明其饰面材料的品名、规格、色彩和工艺要求。

（4）表明室内外立面装饰造型的构造关系与尺寸。

（5）表明各种装饰面的衔接收口形式。

（6）表明室内外立面上各种装饰品（如壁画、壁挂、金属字等）的式样、位置和大小尺寸。

（7）表明门窗、花格、装饰隔断等设施的高度尺寸和安装尺寸。

（8）表明室内外园林小品或其他艺术造型体的立面形状和高低错落位置尺寸。

（9）表明室内外立面上的所用设备及其位置尺寸和规格尺寸。

（10）作为室内装饰立面图，还要表明家具和室内配套产品的安放位置和尺寸。如采用剖面图示形式的室内装饰立面图，还要表明顶棚的跌级变化和相关尺寸。

9. 如何识读装饰装修立面图？

答：（1）明确建筑装饰立面图上与该工程有关的各部分尺寸

和标高。

（2）通过图中不同线型的含义，弄清楚立面上各种装饰造型的凹凸起伏变化和转折关系。

（3）弄清楚每个立面上有几种不同的装饰面，以及这些装饰面所选用的材料与施工工艺要求。

（4）立面上各装饰面之间的衔接收口较多时，在立面图上表现得比较概括，多在节点详图中详细表明。要注意找出这些详图，明确它们的收口方式、工艺和所用材料。

（5）明确装饰结构之间以及装饰结构与建筑结构之间的连接固定方式，以便提前准备预埋件和紧固件。

（6）要注意电源开关、插座的安装位置和安装方式，以便在施工中预留位置。

阅读室内装饰立面图时，要结合平面布置图、顶棚平面图和该室内其他立面图对照阅读，明确该室内的整体做法与要求。阅读室外装饰立面图时弄清楚它的构造关系，并结合平面布置图和该部位的装饰剖面图综合阅读。

10. 建筑装饰剖面图的基本内容有哪些？

答：建筑装饰剖面图的表示方法与建筑剖面图大致相同，内容如下：

（1）表明建筑的剖面基本结构和剖切空间的基本形状，并标注出所需的建筑主体结构的有关尺寸和标高。

（2）表明装饰结构的剖面形状、构造形式、材料组成及固定与支承构件的相互关系。

（3）表明剖切空间内可见实物的形状大小与位置。

（4）表明装饰结构与建筑主体结构之间的衔接尺寸与连接方式。

（5）表明装饰结构和装饰面上的设备安装方式或固定方法。

（6）表明某些装饰构配件的尺寸、工艺做法与施工要求，另有详图的可概括表明。

（7）表明节点详图和构配件详图的所示部位与详图所在位置。

（8）如是建筑内部某一装饰空间的剖面图，还要表明剖切空间内与剖切平面平行的墙面装饰形式、装饰尺寸、饰面材料与工艺要求。

（9）表明图名、比例和被剖切墙体的定位轴线及其编号，以便与平面布置图和顶棚平面图对照阅读。

11. 如何识读建筑装饰剖面图？

答：（1）阅读建筑装饰剖面图时，首先要对照平面布置图，看清楚剖切面的编号是否相同，了解该剖面的剖切位置和剖视方向。

（2）当装饰结构与建筑结构所用材料相同时，它们的剖断面表示方法应一致。更值得注意的是，在众多图像和尺寸中，要分清哪些是建筑主体结构的图像和尺寸，哪些是装饰结构的图像和尺寸。

（3）认真阅读研究剖面图所示内容，明确装饰工程各部位的构造方法、构造尺寸、材料要求与工艺要求。

（4）建筑装饰图由许多细节构成，对于表明原则性的技术问题，需要用详图表明。我们在阅读建筑装饰剖面图时，还要注意按图中索引符号所示方向，找出各部位节点详图，不断对照仔细阅读。弄清楚各连接点或装饰面之间的衔接方式，以及包边、盖缝、收口等细部的材料、尺寸和详细做法。

（5）阅读建筑装饰剖面图要结合平面布置图和顶棚平面图进行，某些室外装饰剖面图还要结合装饰装修立面图来综合阅读，才能全方位地理解剖面图示内容。

12. 装饰装修工程详图的内容和表示方法如何？

答：装饰装修工程详图是补充平、立、剖面图的最为具体的图示手段。

建筑装饰施工平、立、剖面图主要是用以控制整个建筑物、建筑空间与装饰结构的原则性做法，但在建筑装饰全过程的具体实施中还存在着一定的限度，还必须加以深化和提供更为详细和具体的图示内容，建筑装饰的施工才能得以继续下去，以求得其竣工后的满意效果。所指的详图应包含"三详"：①图形详；②数据详；③文字详。

（1）局部放大图。放大图就是把原状图放大而加以充实，并不是将原状图进行较大的变形。

1）室内装饰平面局部放大图以建筑平面图为依据，按放大的比例表示出厅室的平面结构形式和形状大小、门窗设置等，对家具、卫生设备、电器设备、织物、摆设、绿化等平面布置表达清楚，同时还要标注出有关尺寸和文字说明等。

2）室内装饰立面局部放大图重点表现墙面的设计，先表示出厅室围护结构的构造形式，再对墙面上的附加物以及靠墙的家具详细地进行表示，同时标注有关详细尺寸、符号和文字说明等。

（2）建筑装饰件详图。建筑装饰件项目很多，如暖气罩、吊灯、吸顶灯、壁灯、空调箱孔、送风口、回风口等。这些装饰件都可能要依据设计意图画出详图。其内容主要是表明它在建筑物上的准确位置，与建筑物其他构、配件的衔接关系，装饰件自身构造及所用材料等内容。

建筑装饰件的表示要视其细部构造的繁简程度和表达的范围而定。

有的只要一个剖面详图就行，有的需要另加平面详图或立面详图来表示，有的还需要同时用平、立、剖面详图来表现。对于复杂的装饰件，除本身的平、立、剖面图外，还需要增加节点详图才能表达清楚。

（3）节点详图。节点详图是将两个或多个装饰面的交汇点，按垂直或水平方向切开，并加以放大绘出的视图。

节点详图主要表明某些构件、配件局部的详细尺寸、做法及施工要求，表明装饰结构与建筑结构之间详细的衔接尺寸与连接形式；表明装饰面之间的对接方式及装饰面上的设备安装方式和固定方法。

识读节点详图一定要弄清该图从何处剖切而来，同时注意剖切方向和视图的投影方向，对节点详图中各种材料、结合方式以及工艺要求要弄清。

13. 如何进行装饰装修施工图识读？

答：现以某宾馆会议室施工图 2-1～图 2-4 为例，说明装饰装修施工图识读方法。

（1）识读平面布置图的内容

1）图 2-1 上尺寸内容有三种：一是建筑结构体的尺寸；二是装饰布局和装饰结构的尺寸；三是家具、设备等尺寸。如会议室平面为三开间，长自⑥轴到⑨轴线共 14m，宽自ⓒ轴到Ⓕ轴线共 6.3m，Ⓕ轴线向上有局部凸出；各室内柱面、墙面均采用白

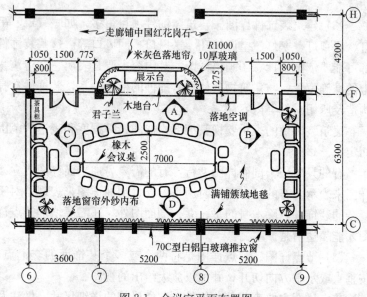

图 2-1　会议室平面布置图

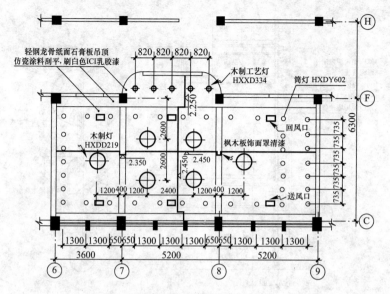

图 2-2　顶棚平面图

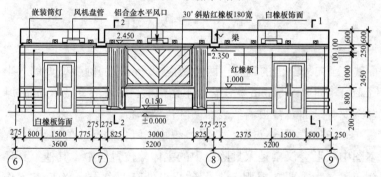

图 2-3　A 向装饰立面图

橡木板装饰，尺寸见图；室内主要家具有橡木制船形会议桌、真皮转椅，及局部凸出的展示台和大门后角的茶具柜等家具设备。

2）表明装饰结构的平面布置、具体形状及尺寸，表明饰面的材料和工艺要求。一般装饰体随建筑结构而做，如本图的墙、柱面的装饰。但有时为了丰富室内空间、增加变化和新意，而将建筑平面在不违反结构要求的前提下进行调整。图 2-1 上方，平

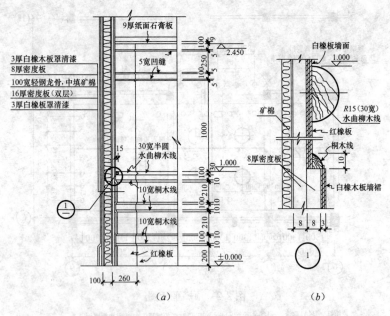

图 2-4　装饰剖面图及节点详图

(a) 1-1 剖面图；(b) 节点详图

面就作了向外凸出的调整：两角做成 10mm 厚的圆弧玻璃墙（半径 1m），周边镶 50mm 宽钛合金不锈钢框，平直部分做 100mm 厚轻钢龙骨纸面石膏板墙，表面贴红色橡木板。

3）室内家具、设备、陈设、织物、绿化的摆放位置及说明。本图中船形会议桌是家具陈设中的主体，位置居中，其他家具环绕布置，为主要功能服务。平台凸出处有两盆君子兰起点缀作用；圆弧玻璃处有米灰色落地帘等。

4）表明门窗的开启方式及尺寸。有关门窗的造型、做法，在平面布置图中不反映，交由详图表达。所以图中只见大门为内开平开门，宽为 1.5m，距墙边为 800mm；窗为铝合金推拉窗。

5）画出各面墙的立面投影符号（或剖切符号）。如图中的 A，即为站在 A 点处向上观察Ⓕ轴墙面的立面投影符号。

（2）识读顶棚平面图

1）反映顶棚范围内的装饰造型及尺寸。图 2-2 所示为一吊顶的顶棚，因房屋结构中有大梁，所以⑦、⑧轴处吊顶有下落，下落处顶棚面的标高为 2.35m（通常指距本层地面的标高），而未下落处顶棚面标高为 2.45m，故两顶棚面的高差为 0.1m。图 2-2 内横向贯通的粗实线，即为该顶棚在左右方向的重合断面图。在图内的上下方向也有粗线表示的重合断面图，反映在这一方向的吊顶最低为 2.25m，最高为 2.45m，高差为 0.2m。从图 2-2 中可见，梁的底面处装饰造型的宽度为 400mm，高为 100mm。

2）反映顶棚所用的材料规格、灯具灯饰、空调风口及消防报警等装饰内容及设备的位置等。本图中向下凸出的梁底造型采用木龙骨架，外包枫木板饰面，表面再罩清漆。其他位置吊顶采用轻钢龙骨纸面石膏板，表面用仿瓷涂料刮平后刷白色乳胶漆。图中还标注了各种灯饰的位置及尺寸：中间部分设有四盏木制圆形吸顶灯，左右两部分选用两盏同类型吸顶灯，其代号为 HX-DD219；此外，周边还设有嵌装筒灯 HXDY602，间距为 735mm、1300mm 两种，以及在平面凸出处顶棚上安装的间距为 820mm 的五盏木制工艺灯（HXXD334），作为点缀并作局部照明用。另外，在图 2-2 的左、中、右有三组空调送风和回风口（均为成品）。

（3）识读装饰立面图。立面图如图 2-3 所示。

1）在图中用相对于本层地面的标高，标注地台、踏步等的位置尺寸。如图中（A 向立面中间）的地台标有 0.150 标高，即表示地台高 0.15m。

2）顶棚面的距地标高及其叠级（凸出或凹进）造型的相关尺寸。如图中顶棚面在大梁处有凸出（即下落），凸出为 0.1m；顶棚距地最低为 2.35m，最高为 2.45m。

3）墙面造型的样式及饰面的处理。本图墙面用轻钢龙骨做骨架，然后钉以 8mm 厚密度板，再在板面上用万能胶粘贴各种饰面板，如墙面为白橡木板，踢脚为红橡木板（高为 200mm）。

图中上方为水平铝合金送风口。

4）墙面与顶棚面相交处的收边做法。图中用 100mm×3mm 断面的木质顶角线收边。

5）门窗的位置、形式及墙面、顶棚面上的灯具及其他设备。本图大门为镶板式装饰门，顶棚上装有吸顶灯和筒灯，顶棚内部（闷顶）中装有风机盘管设备（数量见顶棚平面图）。

6）固定家具在墙面中的位置、立面形式和主要尺寸。

7）墙面装饰的长度及范围，以及相应的定位轴线符号、剖切符号等。

8）建筑结构的主要轮廓及材料图例。

（4）识读装饰剖面及节点详图

在图 2-4 中，墙的装饰剖面及节点详图中反映了墙板结构做法及内外饰面的处理。墙面主体结构采用 100 型轻钢龙骨，中间填以矿棉隔声，龙骨两侧钉以 8mmn 厚密度板，然后用万能胶粘贴白橡木板面层，清漆罩面。

第二部分　装饰工程施工工艺与构造

14. 什么是整体地面？

答：整体类楼地面的面层无接缝，它的面层是在施工现场整体浇筑而成的。这类楼地面包括水泥砂浆楼地面、水泥混凝土楼地面、现制水磨石楼地面及涂布楼地面等。

15. 什么是水泥砂浆楼地面？

答：水泥砂浆楼地面是直接在现浇混凝土结构层上用水泥砂浆找平施工的一种传统整体地面。

16. 什么是现浇水磨石地面？

答：水磨石地面是在水泥砂浆或普通混凝土垫层上按设计要求分格、抹水泥石子浆，凝固硬化后，磨光露出石渣，并经补

浆、细磨、打蜡后制成。（图2-5）

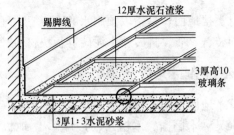

图 2-5　现浇水磨石地面

　　现浇水磨石地面的构造做法是：首先在基层上用 1∶3 水泥砂浆找平 10～20mm 厚。当有预埋管道和受力构造要求时，应采用不小于 30mm 厚的细石混凝土找平。为实现装饰图案，防止面层开裂，常需给面层分格（图2-6），因此，应先在找平层上镶嵌分格条，然后，用 1∶1.5～1∶2.5 的水泥石子浆浇入整平，待硬结后用磨石机磨光。最后补浆、打蜡、养护。

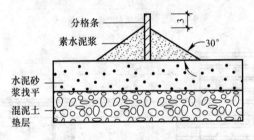

图 2-6　分格条固定示意

17. 什么是涂布楼地面？

　　答：涂布楼地面是指在水泥楼地面面层之上，为改善水泥地面在使用与装饰质量方面的某些不足，而加做的各种涂层饰面。主要功能是装饰和保护地面，使地面清洁美观。在地面装饰材料中，涂层材料是较经济和实用的一种，而且自重轻，维修方便，施工简便及工效高。

18. 什么是块材式楼地面？

答：块材类楼地面，是指以预制水磨石板、大理石板、花岗石板、陶瓷锦砖、瓷砖、缸砖及水泥砖等板块材料铺砌的地面。

19. 什么是空铺木地面？

答：空铺木地面多用于首层地面，它由地垄墙、压沿木、垫木、木龙骨（又称木搁栅、木楞）、剪刀撑、木地板（单层或双层）等组成。地垄墙是承受木地面荷载的重要构件，其上铺油毡一层，再上铺压沿木和垫木。木龙骨的两端固定在压沿木或垫木上，在木龙骨之间设剪刀撑，以增强龙骨的稳定性。木龙骨、压沿木、垫木以及木地板的底面均应做防腐处理，满涂沥青或氟化钠溶液（图 2-7）。

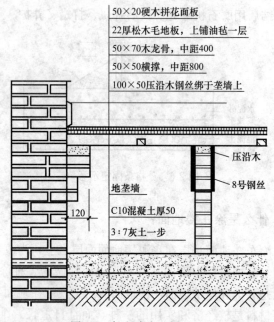

图 2-7　架空式木地板（一）

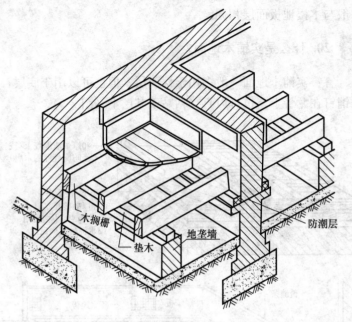

木搁栅 地垄墙 防潮层 垫木

图 2-7 架空式木地板（二）

　　为了保证木地面下架空层的通风，在每条地垄墙、内横墙和暖气沟墙等处，均应预留 120mm×120mm 的通风洞口，并要求在一条直线上，以利通风顺畅，暖气沟的通风沟口可采用钢护管与外界相通。

　　木地板的拼缝形式有：平缝、企口缝、嵌舌缝、高低缝、低舌缝等，如图 2-8 所示。

平缝　企口缝　嵌舌缝　高低缝　低舌缝　特种企口缝
（等盖缝）

图 2-8　木地板的拼缝形式

　　木地板的四周墙脚处，应设木踢脚板，其高度 100～200mm，常用的高度为 150mm，厚 20～25mm，其所用的木材一般与本楼地板面层相同。

20. 什么是实铺木地面？

答：实铺木地面一般多用于楼面层，但也可以用于底层，可以铺钉在龙骨上，也可以直接粘贴于基层上（图 2-9）。

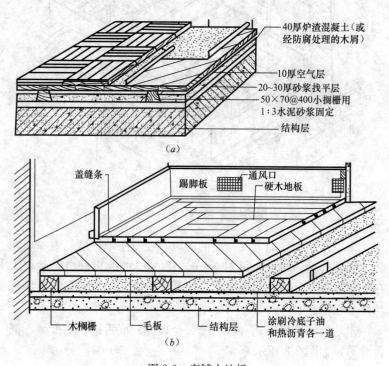

图 2-9　实铺木地板
（a）单层面层；（b）双层面层

21. 什么是塑料地板楼地面？

答：塑料地板楼地面是指用聚氯乙烯或其他树脂塑料地板作为饰面材料铺贴的楼地面。塑料地板楼地面基本构造做法见

表 2-4，塑料地板楼地面焊接施工如图 2-10 所示。

塑料地板楼地面构造做法 表 2-4

构造层次	做 法	说 明
面层	塑料板（8～15mm 厚 EVA，1.6～3.2mm 厚彩色石英），用专用胶粘贴	
找平层	20mm 厚 1∶2.5 水泥砂浆，压实抹光	
防潮层	1.5mm 厚聚氨酯防潮层 2 道	
找坡层	1∶3 水泥砂浆找坡层，最厚处 20mm，抹平	1. 防潮层可采用其他新型的防潮材料
结合层	水泥浆 1 道	2. 括号内为地面构造做法
填充层（垫层）	60mm 厚 1∶6 水泥焦渣填充层（60mm 厚 C10 混凝土垫层）	
楼板（垫层）	现浇钢筋混凝土楼板（粒径 5～32mm 卵石灌 M2.5 混合砂浆振捣密实或 150mm 厚 3∶7 灰土）	
（基土）	（素土夯实）	

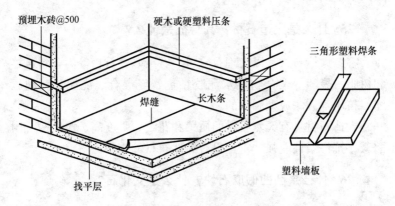

图 2-10 塑料地板楼地面焊接施工

55

22. 什么是水泥花砖楼地面层？它有什么特点？

答：水泥花砖是水泥花阶砖的简称。此种砖系以白水泥或普通水泥掺以多种颜料或用彩色水泥经机械拌合、机压成型、充分养护而成。该产品具有花式繁多、色泽鲜艳、光洁耐磨、质地坚硬等特点，适用于各种公共建筑及住宅的楼地面等。其规格各生产厂家不尽相同，但一般多为 200mm×200mm×15～20mm 之间，其工程量按实铺面积以平方米（m²）计算。

23. 什么是台阶？

答：台阶指的是一般建筑物室内地面高于室外地面，为了便于使用，根据高差，用砖、石、混凝土等筑成的一级一级供人上下的设施，踏步指每级台阶的踏面。台阶面层的工程量不包括牵边及侧面装饰的工程量。

24. 什么是楼梯踢脚线？

答：楼梯踢脚线是随楼梯一起向上倾斜的，保护楼梯踢脚的斜线，一般情况下层高按 3m 设置双跑楼梯的楼层，其斜线长度是其水平投影的 1.15 倍。

25. 什么是人造石材？其特征是什么？

答：人造石材是以大理石碎料、石英砂、石粉等为骨料，拌和树脂、聚酯等聚合物或水泥胶粘剂，经混合、浇注、振动压缩、挤压等方法成型制成的。

人造石材具有天然石材的质感和花纹，强度高、厚度薄、耐酸碱、抗污染性能强，重量只有天然石材的一半。

26. 什么是凸凹假麻石块？什么是文化石？

答：将陶土砖坯表面事先压制成凸凹不平的小块，待干燥后涂刷如同天然石材的颜色，然后经焙烧而成的一种装饰材料。由于它的表面是凹凸不平的麻面，而且涂的颜色似同天然石材色，所以称这种面砖为"凸凹假麻石块"。

"文化石"是个统称，可分为天然文化石和人造文化石两大类。天然文化石从材质上可分为沉积砂岩和硬质板岩。人造文化石产品是以浮石、陶粒等无机材料经过专业加工制作而成，它拥有环保节能、质地轻、强度高、抗融冻性好等优势。

文化石并不是一种单独的石材，本身也不附带什么文化含义，它表达的是达到一定装饰效果的加工和制作方式。文化石吸引人的特点是色泽纹路能保持自然原始的风貌，加上色泽调配变化，能将石材质感的内涵与艺术性展现无遗，符合人们崇尚自然、回归自然的文化理念，人们便统称这类石材为"文化石"。用这种石材装饰的墙面、制作的壁景等，能透出一种文化韵味和自然气息。

27. 什么是抹灰类墙体饰面？

答：抹灰类墙体饰面是指建筑内外表面为水泥砂浆、混合砂浆等做成的各种饰面抹灰层。一般由底层、中间层、面层组成（图 2-11）。

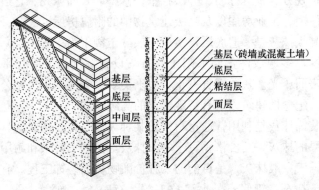

图 2-11　抹灰的组成

抹灰类饰面包括一般抹灰、装饰抹灰。一般抹灰是指一般通用型的砂浆抹灰工程，主要包括石灰砂浆、混合砂浆、水泥砂浆等。一般墙体抹灰层总厚度为：普通抹灰 18mm；中级抹灰 20mm；高级抹灰 25mm。卫生间及厨房一般使用 1：3 水泥砂浆，起防水作用；墙体大面积使用 1：3 混合砂浆抹灰，易粉刷（表 2-5）。

一般抹灰的类型 表 2-5

名称	普通抹灰	中级抹灰	高级抹灰
遍数	二遍	三遍	四遍
主要工序	分层找平、修整、表面压光	阳角找方、设置标筋、分层找平、修整、表面压光	阳角找方、设置标筋、分层找平、修整、表面压光
外观质量	表面光滑、洁净、接槎平整	表面光滑、洁净、接槎平整、压线清晰、顺直	表面光滑、洁净、颜色均匀、无抹纹压线、平直方正、清晰美观

普通抹灰是一遍底层，一遍面层，两遍成活，要求分层找平、修整、表面压光。它适用于简易住宅、大型设施、非居住的房屋以及建筑物的地下室、储藏室等。

中级抹灰是一遍底层、一遍中层和一遍面层，三遍成活，要求阳角找方、设置标筋、分层找平、修整、表面压光。它适用于一般住宅、工业房屋以及高级建筑物中的附属房屋。

高级抹灰是一遍底层，多遍中层（定额中为二遍中层）和一遍面层，多遍成活，要求阳角找方、设置标筋、分层找平、修整、表面压光。灰线平直方正、清晰美观。它适用于大型公共建筑物、纪念性建筑以及有特殊要求的高级建筑。

装饰抹灰是利用普通材料模仿某种天然石花纹抹成的具有艺术效果的抹灰。其价格稍贵于一般抹灰，但艺术效果和耐用性大于并强于一般抹灰，是目前的一种价廉物美的装饰工程。有水刷石、干粘石、斩假石、水泥拉毛等，有喷涂、弹涂、刷涂、拉毛、扫毛等几种做法（图 2-12、图 2-13）。

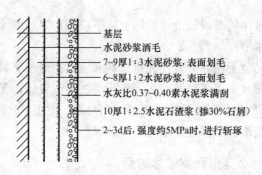

图 2-12　斩假石饰面分层的构造示意

基层
水泥砂浆洒毛
7~9厚1:3水泥砂浆，表面划毛
6~8厚1:2水泥砂浆，表面划毛
水灰比0.37~0.40素水泥浆满刮
10厚1:2.5水泥石渣浆（掺30%石屑）
2~3d后，强度约5MPa时，进行斩琢

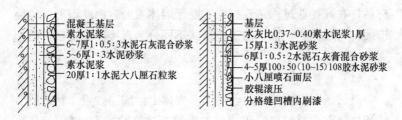

混凝土基层
素水泥浆
6~7厚1:0.5:3水泥石灰混合砂浆
5~6厚1:3水泥砂浆
素水泥浆
20厚1:1水泥大八厘石粒浆

基层
水灰比0.37~0.40素水泥浆1厚
15厚1:3水泥砂浆
6厚1:0.5:2水泥石灰膏混合砂浆
4~5厚100:50(10~15)108胶水泥砂浆
小八厘喷石面层
胶辊滚压
分格缝凹槽内刷漆

图 2-13　干粘石饰面

28. 什么是镶贴块料面层？

答：镶贴块料面层是根据材质将饰面材料加工成一定尺寸比例的板、块，通过粘结、镶嵌或干挂等安装方法，将饰面块材或板材安装于墙体表面形成饰面层，是现代装饰工程的"新秀"。镶贴块料面层有很多种，包括：大理石饰面、花岗石饰面、汉白玉饰面、预制水磨石饰面、凹凸假麻石饰面、陶瓷锦砖饰面、瓷板饰面、釉面砖、劈离砖、金属面砖等。

29. 什么是涂料类墙体饰面？

答：涂料类饰面是在墙面已有的基层上，刮批腻子找平，然后涂刷选定的建筑涂料所形成的一种饰面。一般分三层，即底层、中间层、面层。

建筑装饰涂料按化学组合可分为无机高分子涂料和有机高分

子涂料。常用的有机高分子涂料有以下三类：溶剂型涂料、乳液型涂料和水溶性涂料。

无机高分子涂料分普通无机涂料和无机高分子涂料。普通无机涂料如白灰浆、大白浆，多用于标准的室内装修；无机高分子涂料有 JH80—1 型、JH80—2 型、JHN84—1 型、F832 等，多用于外墙装饰和有擦洗要求的内墙装修。

30. 什么是贴面类墙体饰面？

答：一些天然的或人造的材料根据材质加工成大小不同的块材后，在现场通过构造连接或镶贴于墙体表面，由此而形成的墙饰面称为贴面类饰面。按工艺形式不同分为直接镶贴饰面、贴挂类饰面。

（1）直接镶贴饰面

直接镶贴饰面构造比较简单，大体上由底层砂浆、粘结层砂浆和块状贴面材料面层组成。常见的直接镶贴饰面材料有面砖、瓷砖、陶瓷锦砖、玻璃锦砖等。

内墙面砖基本构造：用水泥砂浆抹厚 15mm 底灰，粘结砂浆最好为加 108 胶的水泥砂浆，其重量比为水泥∶砂∶水∶108 胶＝1∶2.5∶0.44∶0.3，厚度 2～3mm。贴好后用清水将表面擦洗干净，白水泥擦缝（图 2-14）。

图 2-14　墙面砖饰面构造
（a）构造示意；（b）粘结状况

陶瓷锦砖和玻璃马赛克，基本构造：15mm 厚 1∶3 水泥砂浆打底，刷素水泥浆（加水泥重量 5％的 108 胶）一道粘贴，白色或彩色水泥浆擦缝。

（2）贴挂类饰面

大规格饰面板材（边长 500～2000mm）通常采用"挂"的方式。

1）钢筋网挂贴法。

传统钢筋网挂贴法构造是指将饰面板打眼、剔槽，用钢丝或不锈钢丝绑扎在钢筋网上，再灌 1∶2.5 水泥砂浆将板贴牢。人们通过对多年的施工经验的总结，对传统钢筋网挂贴法构造及做法进行了改进；首先将钢筋网简化，只拉横向钢筋，取消竖向钢筋；第二，对加工艰难的打洞、剔槽工作改为只剔槽，不打眼或少打眼，改进后的传统钢筋网挂贴法基本构造如图 2-15 所示。

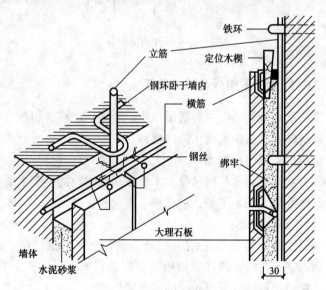

图 2-15　饰面板传统钢筋网挂贴法构造

2）钢筋钩挂贴法。

钢筋钩挂贴法又称挂贴楔固法。它与传统钢筋网挂贴法不同之处是将饰面板以不锈钢钩直接楔固于墙体上。

3）干挂法。

干挂法是用高强度螺栓和耐腐蚀、高强度的柔性连接件将饰面板直接吊挂于墙体上或空挂于钢骨架上的构造做法，不需要再灌浆粘贴。饰面板与结构表面之间有 80~90mm 距离（图 2-16）。

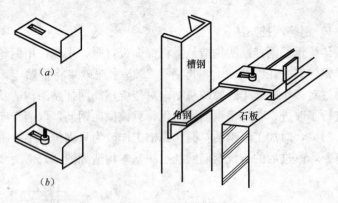

（a）

（b）

槽钢

角钢 石板

图 2-16 石材干挂构造

31. 什么是罩面板类墙体饰面？

答：罩面板类饰面主要指用木质、金属、玻璃、塑料、石膏等材料制成的板材作为墙体饰面材料。

（1）木质罩面板饰面

分为木骨架和木板两部分。木质罩面板材料的类型主要有胶合板、纤维板、细木工板、刨花板、木丝板、微薄木、实木。

（2）金属板饰面

金属饰面板装饰是采用一些轻金属，如铝、铝合金、不锈钢、铜等制成薄板，或在薄钢板的表面进行搪瓷、烤漆、喷漆、镀锌、覆盖塑料的处理等做成的墙面饰面板。

金属薄板由于材料品种不同，所处部位的不同，因而构造连接方式也有变化，通常有两种方式较为常见：一是直接固定，将金属薄板用螺栓直接固定在型钢上；二是利用金属薄板拉伸、冲压成型的特点，做成各种形状，然后将其压卡在特制的龙骨上。

（3）玻璃墙饰面

玻璃墙饰面是选用普通平板镜面玻璃或茶色、蓝色、灰色的镀膜镜面玻璃等做墙面。玻璃墙饰面的构造做法是：首先在墙基层上设置一层隔汽防潮层，然后按要求立木筋，间距按玻璃尺寸，做成木框格，木筋上钉一层胶合板或纤维板等衬板，最后将玻璃固定在木边框上（图 2-17）。

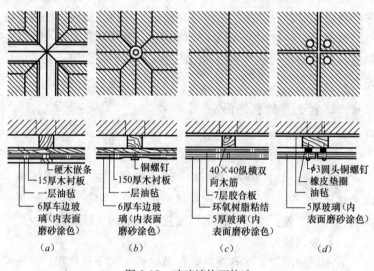

图 2-17 玻璃墙饰面构造
（a）嵌条；（b）嵌钉；（c）粘贴；（d）螺钉

（4）其他罩面板饰面

1）万通板

万通板学名聚丙烯装饰板，具有重量轻，防火、防水、防老化等特点。用于墙面装饰的万通板规格有 1000mm×2000mm、1000mm×1500mm，板厚有 2mm、3mm、4mm、5mm、6mm 多种。万通板一般构造做法是在墙上涂刷防潮剂，钉木龙骨，然后将万通板粘贴于龙骨上。

2）纸面石膏板

纸面石膏板是以熟石膏为主要原料，掺以适量纤维及添加剂，再以特制纸为护面，通过专门生产设备加工而成的板材。纸面石膏板内墙装饰构造有两种，一种是直接贴墙做法，另一种是在墙体上涂刷防潮剂，然后铺设龙骨（木龙骨或轻钢龙骨），将纸面石膏板镶钉或粘于龙骨上，最后进行板面修饰。

3）夹心墙板

夹心墙板通常由两层铝或铝合金板中间夹聚氨酯泡沫或矿棉芯材构成，具有强度高、韧性好、保温、隔热、防火、抗震等特点。墙板表面经过耐色光或 PVF 滚涂处理，颜色丰富，不变色褪色。夹心墙板构造是采用专门的连接件将板材固定于龙骨或墙体上。

32. 什么是软包饰面？

答：软包饰面由底层、吸声层、面层三部分组成。

（1）底层材料

采用阻燃型胶合板、FC 板、埃特板等。FC 板或埃特板是以天然纤维、人造纤维或植物纤维与水泥等为主要原料，经烧结成型、加压、养护而成，比阻燃型胶合板的耐火性能高一级。

（2）吸声层材料

采用轻质不燃、多孔材料，如玻璃棉、超细玻璃棉、自熄型泡沫塑料等。

（3）面层材料

采用阻燃型高档豪华软包面料，常用的有各种人造皮革、特维拉 CS 豪华防火装饰布、针刺超绒、背面深胶阻燃型豪华装饰布及其他全棉、涤棉阻燃型豪华软质面料。

软包饰面主要有吸声层压钉面料构造和胶合板压钉面料构造两种做法。

33. 柱面装饰一般是如何做的？

答：柱面装饰所用材料与墙体饰面所用材料基本相似，如：

木饰面板（柚木、橡木、榉木、胡桃木）、金属饰面板（不锈钢、铝合金、铜合金、铝塑饰面板）、石材饰面板（大理石、花岗石）等。

大部分柱面的装饰构造与墙面基本类似，图 2-18 介绍了几种常见的柱面的构造做法。

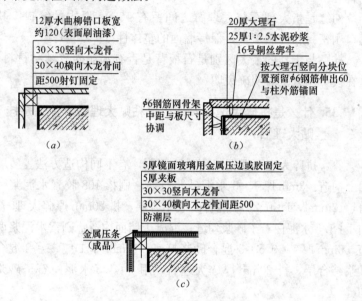

图 2-18　常见柱面装饰构造
(a) 企口木板贴面；(b) 大理石贴面；(c) 玻璃镜贴面

34. 什么是干挂大理石饰面？干挂与挂贴有何区别？

答：干挂大理石饰面是指在基层墙面上埋进膨胀螺栓，再连接铝合金骨架网，将钻孔的石材板用不锈钢连接件与其连接牢，最后再进行清面理缝或勾缝即可。

干挂大理石：墙面大理石规格取为 600mm×600mm，柱面大理石块材规格取为 400mm×600mm，每块大理石板钉膨胀螺栓 4 颗，麻丝快硬水泥涂膨胀螺栓 60mm×60mm×6mm。合金钢钻头每 80 颗，用一个膨胀螺栓。

构造：直接在大理石板材上钻孔成槽，然后用不锈钢连接器与埋在墙体内的膨胀螺栓相连，大理石板与墙体间形成 80～90mm 宽的空气层。

密缝是指在干挂大理石时的自然拼缝，要求缝口紧密严实，平整光滑。

勾缝是指大理石与大理石之间留有 10mm 以内的缝口，其缝口用密封胶勾满填实，保持墙面的整体性。

挂贴与干挂的最大区别是石板背是否有水泥砂浆粘贴材料，这在设计图纸上有明确说明。

35. 什么是拼碎大理石？什么是粘贴大理石？什么是挂贴大理石？

答：拼碎大理石根据墙面材质不同，有不同构造方法。砖墙面上构造：8mm 厚 1：3 水泥砂浆打底，刷掺 108 胶素水泥浆一道，12mm 厚 1：0.2：2 混合砂浆结合层，拼 20mm 厚碎大理石，用 1：1.5 水泥白石子砂浆勾缝；混凝土墙面构造：刷素水泥浆两道，5mm 厚 1：0.5：3 混合砂浆打底，12mm 厚 1：0.2：2 混合砂浆结合层，拼 20mm 厚碎大理石，用 1：1.5 水泥白石子砂浆勾缝。

水泥砂浆粘贴大理石：大理石块材规格 500mm×500mm，构造为墙面刷 YJ-302 型混凝土界面处理剂一道（0.15kg/m²，砖墙面无），10mm 厚 1：3 水泥砂浆打底，6mm 厚 1：2.5 水泥砂浆结合层，刷 YJ-Ⅲ型建筑结合剂一遍（0.4kg/m²），最后用白水泥擦缝。

粘贴大理石饰面是指在基层墙面找平的基础上，将计划分块好的石材板背面均匀涂抹上粘结胶，平整地镶贴在墙面上，待牢固时再勾缝清理表面而成。YJ-Ⅲ胶粘剂是一种建筑胶粘剂，用于多种基层贴面砖、大理石、花岗石等天然石材，陶瓷锦砖、泡沫塑料等装饰材料。YJ-302 胶粘剂是一种水泥砂浆粘结增加剂，用于新、老混凝土连接，面砖、陶瓷锦砖粘贴工程。

干粉型胶粘剂粘贴大理石：大理石块材 500mm×500mm，构造为 12mm 厚的 1：3 水泥砂浆打底，用干粉型胶粘剂（6.5kg/m²）粘贴大理石。干粉型胶粘剂粘贴大理石不分砖墙面、混凝土墙面，其构造相同。

挂贴大理石（灌缝砂浆 50mm 厚）：规定大理石板材规格取定为 500mm×500mm，构造为刷素水泥浆一道，50mm 厚 1：2.5 水泥砂浆灌缝，墙面预埋 300mm 长 φ6mm 钢筋钩，钢筋钩与焊接双向钢筋网（双向 φ6mm，间距 500mm）连接，大理石板通过钢丝绑扎在双向钢筋网上。挂贴大理石在不同的基层，构造均相同。

挂贴大理石板即为挂贴法，又称镶贴法。先在墙柱基面上预埋入钢件，固定 φ6mm 的钢筋网（纵向钢筋间距约为 300～500mm，横向钢筋间距应与板材尺寸相适应），同时在石板的上下部位钻孔打眼，穿上铜丝与钢筋网扎结。用木楔调节石板与基面的间隙宽度，待一排石板的板面调整平整并固定好后，用 1：2 或 1：2.5 水泥砂浆灌缝，待面层全部挂贴完成后，用白水泥浆嵌缝，最后清洁表面，打蜡上光。

36. 什么是分格？什么是嵌缝？

答：分格指在墙面上粘贴分格条，使墙面抹灰形成许多分格缝。嵌缝则是用填缝材料将分格缝填实的施工过程。

37. 什么是幕墙？

答：幕墙是用于装饰建筑物外表的，如同罩在建筑物外表的一层薄薄的帷幕的墙体，使用最为普遍的一种幕墙是玻璃幕墙。

38. 什么是遮阳板？什么是栏板、栏杆？什么是雨篷板？

答：遮阳板是指遮挡太阳的平板，如果它设置在窗口上沿部位的称为水平方向遮阳板；如果它设置在窗口两旁的称为垂直方向遮阳板。

栏板、栏杆是设置在楼梯梯段或阳台周边的安全设施，位置可在阳台周边，梯段的一侧或两侧或者梯段中间，视楼梯宽度而定。总的要求是安全、坚固、舒适、构造简单、施工和维修方便。梯段是指休息平台与地面或楼面之间的部分，它是楼梯的主要组成部分，供人员上下。

雨篷板位于建筑物入口的上方，用来遮挡雨雪，保护外门免受侵蚀，给人们提供一个从室外到室内的过渡空间。

39. 什么是龙骨？

答：龙骨是吊顶中起连接作用的构件，它与吊杆连接，为吊顶饰面层提供安装节点。常见的不上人吊顶一般用木龙骨、轻钢龙骨和铝合金龙骨；上人吊顶的龙骨，其作用是为使用过程中，上人检查路线、管道、喷淋等设备，因此需承载较大重量，要用型钢轻钢承载龙骨或大断面木龙骨，并要在龙骨上做人行通道，在吊顶上安装管道以及大型设备的龙骨，必须注意承重结构设计，以保证安全。

几种常用 U 形顶棚轻钢龙骨的主要规格类型，见表 2-6，厚度与质量参考表 2-7。

U 形龙骨主要规格类型 表 2-6

龙　　骨			吊挂件			连接件			边龙骨及支托
UC38	UC50	UC60	UC38	UC50	UC60	UC38	UC50	UC60	
承载龙骨（大龙骨）									

68

龙　骨	吊挂件	连接件	边龙骨及支托
覆面龙骨（中龙骨）	0.75厚		
覆面龙骨（小龙骨）	0.31kg/m		

几种常用顶棚 U 形轻钢龙骨厚度与质量参考　　**表 2-7**

名　称	形状及规格	厚度（mm）	质量（kg/m）
大龙骨	轻型	1.2 1.20 0.80 0.63	0.45 0.56 0.63 0.61
	中型	1.20 1.50	0.67 0.92
	重型	1.50 1.50	1.52 1.37

名　称	形状及规格	厚度（mm）	质量（kg/m）
中龙骨	19 50 27 60 19 50	0.50 0.63 0.50	0.40 0.61 0.41
小龙骨	27 60	0.63	0.61

　　铝合金龙骨是以铝带、铝合金型材经冷弯或冲压而成的吊顶骨架，或以轻钢为内骨，外套铝合金骨架支承材料，其主要规格类型见表2-8。

几种常用铝合金龙骨参考质量　　　　表2-8

名　称		形状及规格	厚度（mm）	质量（kg/m）
大龙骨	轻型 中型 重型	12 38 15 50 30 60	1.2 1.50 1.50	0.56 0.92 1.52
	中龙骨 小龙骨	32 23 23 23	1.20 1.20	0.20 0.14
边龙骨	LT型	32 18 32 18 20	1.20 1.20	0.18 0.25

名　称		形状及规格	厚度（mm）	质量（kg/m）
大龙骨	轻型 中型		1.20 1.20	0.45 0.67
中龙骨 小龙骨			1.0～1.50 1.0～1.50	0.49 0.32
边龙骨	L形 异形		0.75 0.75	0.26 0.45

　　活动式装配吊顶的明龙骨，是用金属材料经加工成型的铝合金型材，断面加工呈"⊥"形。现代设计中，用得最多的铝合金龙骨有三种规格，见表2-9。

铝合金龙骨规格类型　　　　　　　　　　　　表 2-9

铝合金龙骨（1mm）厚	吊挂件	连接件
LT-23 中龙骨 LT-16 0.2kg/m 0.12kg/m LT-异形0.2kg/m 0.12kg/m LT-异形 0.25kg/m	UC38 A=13 B=48 UC50 A=16 B=60 UC60 A=31 B=70 φ3.4镀锌钢丝 UC38 A=13 B=55 UC50 A=16 B=65 UC60 A=31 B=75	

铝合金龙骨（1mm）厚	吊挂件	连接件
LT-23 横撑龙骨 LT-16 23 23　16 0.14kg/m　0.09kg/m		φ1.65镀锌钢丝 6 8　14
LT-边龙骨 32 18 0.15kg/m	100　30　　50　15　　38　12	

铝合金条板顶棚龙骨及配件，见表 2-10。

铝合金条板龙骨及配件　　　　表 2-10

	条板龙骨
TG1	3000 22 48 10　10 85　*a*　17 45 0.3kg/m 1厚
	适用于条板 TB1　TB2　TB3　TB4
TG2	3000 22 35 5　5 9　*a*　18　18 30 0.25kg/m 1厚
	适用于条板 TB5　TB6
	大龙骨及配件
DC 大龙骨	12 38　1.2

大龙骨及配件	
DJ 大龙骨吊挂件	
TJ1 条板龙骨吊挂件 （有大龙骨时用）	
TJ2 条板龙骨吊挂件 （无大龙骨时用）	

40. 什么是天棚？它包括哪些类型？

答：天棚是指建筑物屋顶和楼层下表面的装饰构件，俗称天花板。当悬挂在承重结构下表面时，又称吊顶。天棚按饰面与基层的关系可归纳为直接式天棚与悬吊式天棚两大类。

（1）直接式天棚

直接式天棚是在屋面板或楼板结构底面直接做饰面材料的天棚。直接式顶棚按施工方法可分为直接式抹灰天棚、直接喷刷式天棚、直接粘贴式天棚、直接固定装饰板天棚及结构天棚。

（2）悬吊式天棚

悬吊式天棚是指顶棚的装饰表面悬吊于屋面板或楼板下，并与屋面板或楼板留有一定距离的顶棚，俗称吊顶。

41. 直接式天棚有哪些类型？

答：（1）抹灰、喷刷、裱糊类直接式天棚

先在楼板的底面层上刷一遍纯水泥浆，然后用混合砂浆打底找平。要求较高的房间，可在底板增设一层钢板网，在钢板网上再做抹灰。

（2）直接式装饰板天棚

这类天棚与悬吊式天棚的区别是不使用吊挂件，而是直接在楼板底面铺设固定栅。

（3）结构天棚装饰构造

将屋盖或楼盖结构暴露在外，利用结构本身的韵律作装饰称为结构天棚。

42. 什么是天棚装饰线？

答：安装在顶棚与墙顶交界部位的线材，简称装饰线。可采用粘贴法或直接钉固法与顶棚固定。有木线、石膏线、金属线等。

43. "抹装饰线条"线角的道数指的是什么？

答："抹装饰线条"线角的道数以一个凸出的棱角为一道线，如图 2-19 所示，应在报价时注意。

44. 悬吊式天棚是如何组成的？

答：悬吊式天棚一般由悬吊部分、顶棚骨架、饰面层和连接部分组成。

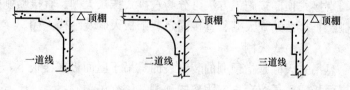

图 2-19　装饰阴角线

（1）悬吊部分

包括吊点、吊杆和连接杆，如图 2-20 所示。

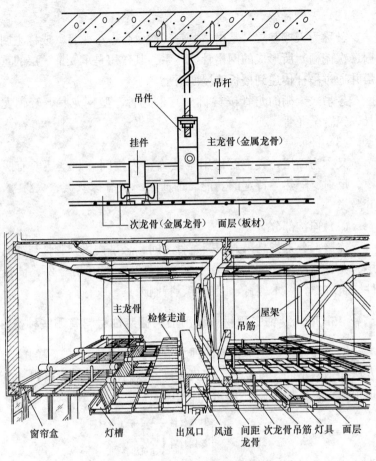

図中の文字:

吊杆

吊件

挂件　　主龙骨(金属龙骨)

次龙骨(金属龙骨)　面层(板材)

主龙骨　检修走道　　　屋架
　　　　　　　　　　　吊筋

窗帘盒　灯槽　出风口　风道　间距　次龙骨吊筋　灯具　面层
　　　　　　　　　　　　　　龙骨

图 2-20　悬吊式天棚的构造组成

1) 吊点。吊杆与楼板或屋面板连接的节点为吊点。

2) 吊杆 (吊筋)。吊杆 (吊筋) 是连接龙骨和承重结构的承重传力构件。按材料分有钢筋吊杆、型钢吊杆、木吊杆。钢筋吊杆的直径一般为 6~8mm,用于一般悬吊式顶棚;型钢吊杆用于重型悬吊式顶棚或整体刚度要求高的悬吊式顶棚,其规格尺寸要通过结构计算确定;木吊杆用 40mm×40mm 或 50mm×50mm 的方木制作,一般用于木龙骨悬吊式顶棚。

（2）天棚骨架

又称为天棚基层，是由主龙骨、次龙骨、小龙骨（或称主搁栅、次搁栅）所形成的网格骨架体系。其作用是承受饰面层的重量并通过吊杆传递到楼板或屋面板上。

悬吊式天棚的龙骨按材料分有木龙骨、型钢龙骨、轻钢龙骨、铝合金龙骨。

（3）饰面层

又称为面层，其主要作用是装饰室内空间，并且还兼有吸声、反射、隔热等特定的功能。饰面层一般有抹灰类、板材类、开敞类。

（4）连接部分

连接部分是指悬吊式顶棚龙骨之间、悬吊式顶棚龙骨与饰面层、龙骨与吊杆之间的连接件、紧固件。一般有吊挂件、插挂件、自攻螺钉、木螺钉、圆钢钉、特制卡具、胶粘剂等。

45. 顶棚装饰工程材料和吊顶天棚装饰材料有哪些种类？

答：顶棚装饰工程材料的种类很多，按顶棚装饰工程的施工方法和结构不同，可分为：抹灰材料、涂刷材料、裱糊材料和吊顶顶棚材料，如图 2-21 所示。

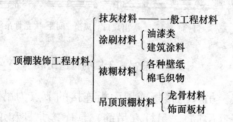

图 2-21　天棚装饰工程材料种类

吊顶顶棚是利用楼板或屋架等结构为支承点，吊挂各种龙骨，在龙骨上镶铺装饰面板或装饰面层而形成的装饰顶棚。

吊顶顶棚的主要装饰材料分为龙骨和装饰板材两部分。龙骨又分为木龙骨、铝合金龙骨、轻钢龙骨、型钢龙骨。装饰板材一般又分为木质装饰板材、塑料装饰板材、金属装饰板材、非金属装饰吸声板材等，如图 2-22 所示。

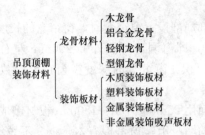

图 2-22　吊顶顶棚装饰材料种类

46. 什么是间壁墙？什么是垛、柱？什么是附墙烟囱、检查口、管道口？

答：（1）间壁墙。是指内墙中起隔开房间作用的内隔墙。

（2）垛。是指墙体上向外或向上凸出的部分。

（3）柱。是指建筑物中直立的起支承作用的构件，常用木材、石材、型钢或钢筋混凝土等材料制成。

（4）附墙烟囱。是指依墙而设的将室内的烟气排出室外的通道。

（5）检查口。是指用砖或预制混凝土井筒砌成的井，设置在沟道断面、方向、坡度的变更处或沟道相交处，或通长的直线管道上，供检修人员检查管道的状况，也可称检查井。

（6）管道口。是指建筑物中为节省空间及施工方便、美观的需要，将许多管道集中安装在某一部分的空间通道。

47. 什么是窗帘盒？如何区分明窗帘盒和暗窗帘盒？

答：窗帘盒是为了装饰，用来安装窗帘棍（窗帘棍是窗户为了遮挡阳光和视线，用来悬挂窗帘布的横杆，常用圆木棍、钢筋、钢管等制作）、滑轮、拉线的木盒子。

窗内需要悬挂窗帘时，通常设置窗帘盒遮蔽窗帘棍和窗帘上部的栓环。窗帘盒可以仅在窗洞上方设置，也可以沿墙面通长设置。制作窗帘盒的材料有木材和金属板材，形状可做成直线形或曲线形。

在窗洞上部局部设置窗帘盒时，窗帘盒的长度应为窗口宽度加 400mm 左右，即窗洞口每侧外伸 200mm 左右，使窗帘拉开后不减少采光面积。窗帘盒的深度视窗帘的层数而定，一般为 200mm 左右。

窗帘盒三面用 25mm×100~150mm 板材镶成，通过铁件固定在过梁上部的墙身上；窗帘棍有木、铜、不锈钢等材料制成，一般用角钢或钢板伸入墙内。

窗帘盒有明、暗两种。明窗帘盒是成品或半成品，在施工现场加工安装完成。暗窗帘盒一般是在房间吊顶装修时，留出窗帘空位，并与吊顶一起完成，只需在吊顶临窗处安装窗帘轨道即可。轨道有单轨和双轨之分。

48. 什么是灯光槽？

答：灯光槽是利用它的造型和灯光来达到某种装饰效果或营造某种环境气氛。灯光槽的设计应考虑灯光槽到顶棚的距离和视线保护角。

表 2-11 为灯光槽挑出长度与到顶棚的距离的比值。施工时应采取措施以避免出现暗影。

灯光槽挑出长度与到顶棚距离的比值　　　　表 2-11

光檐形式	灯具类型		
	无反光罩	扩散反光罩	镜面灯
单边光檐	1.7~2.5	2.5~4.0	4.0~6.0
双边光檐	4.0~6.0	6.0~9.0	9.0~15.0
四边光檐	6.0~9.0	9.0~12.0	15.0~20.0

49. 什么是饰面板？

答：饰面板按其装饰需要可分为基层板和罩面板两种，前者的表面还需再做饰面处理，而后者则不必，将其安装到位后，装饰效果也就产生了。面板的嵌缝一般有以下三种形式：

（1）对缝（密缝）

板与板在龙骨处对接，一般是粘或钉在龙骨上，嵌缝处易产生不平现象，因此钉距应小于200mm。如石膏板对缝可用刨子刨平。

（2）凹缝（离缝）

凹缝有 V 形和矩形两种，在凹缝中可刷涂颜色，也可加金属装饰板条，以增加装饰效果。

（3）盖缝（离缝）

板缝是用小龙骨或压条盖住，可避免缝隙宽窄不均的现象。

50. 什么是发光顶棚？

答：发光顶棚是指顶棚饰面板采用有机灯光片、彩绘玻璃等透光材料的一类顶棚。发光顶棚整体透亮，光线均匀，减少了室内空间的压抑感，装饰效果丰富。图 2-23 为几种发光顶棚的截面形状示意。但大面积使用时耗能较多，技术要求也较高。要保证顶部光线均匀透射，灯具与饰面板之间必须保持一定的距离，占据一定的高度空间。

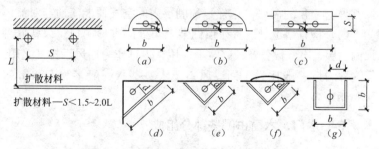

图 2-23　几种发光顶棚的截面形状示意

（a）、（b）弧形；（c）、（g）矩形；（d）、（e）、（f）三角形

51. 什么是铝合金条板天棚龙骨和铝合金格片式天棚龙骨？

答：（1）铝合金条板天棚龙骨是一种专门为铝合金条板作饰

面板而配套的铝合金龙骨，它的龙骨只有一种，龙骨下底面做成夹齿形状，以便将条板边卡住。

（2）铝合金格片式天棚龙骨是一种专门为具有立体造型感的铝合金格片而配套的天棚龙骨。这种龙骨用薄铝合金板制成，故又称条板龙骨，龙骨底边开有格片式卡口，定型产品的卡口间距为 50mm，安装时可根据需要，将格片按 100mm、150mm 等间距进行安装。

52. 如何区分板条天棚和薄板天棚？

答：板条天棚是指面层用宽 30mm，厚 8mm 木板条刨光，按间距 10～20mm 钉铺在小龙骨底边而成，然后按需要另行涂刷油漆。

薄板天棚是指面层用一等杉木薄板，刨光拼缝，并按一定间距抽刻直线条以作装饰，满铺钉在龙骨下边，以后按需要另做油漆。

53. 送风口、回风口、检查口有何区别？

答：（1）送风口是为使顶棚层内通风通气而在顶棚的某一角留的洞口。

（2）回风口是指为使送入顶棚层内的风口气能够排出而设在顶棚另一个角的洞口。这样，顶棚层内的空气便能流通与对流。

（3）检查口也是设置在顶棚某个角处的方形洞口，以备修理顶棚基层、电气设备及线路时上人用，也可作为通风、排气之用，但这种洞口一般比送（回）风口要大一些（一般多为 500mm×500mm）。

54. 木门、木窗由哪些部分组成？

答：木门、木窗主要由框、扇、腰头窗（也称亮子）、五金等部分组成（见图 2-24）。门框或称门樘，是由冒头（横档）、框梃（框柱）组成。有亮子时，在门扇与上亮子之间设中贯横挡。门框架各连接部位都是用榫眼连接固定的。框梃与冒头的连接，是在冒头上打眼，框梃上做榫；梃与中贯档的连接，是在框梃上打眼，中贯横档两端做榫。其榫眼连接形式如图 2-25 所示。

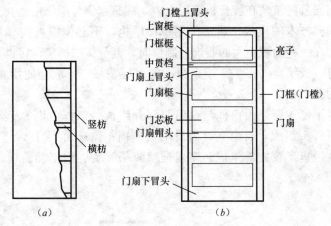

图 2-24　木门的构造组成

(a) 包板式木门；(b) 镶板式木门

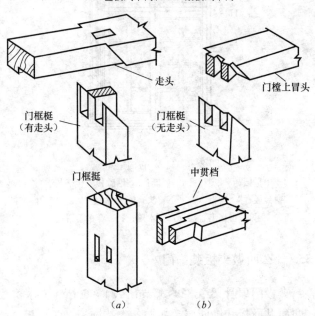

图 2-25　框梃与贯头及中贯档的榫眼连接示意

(a) 包板式木门；(b) 镶板式木门

包板式，也称蒙板式，其门扇框所使用的木材截面尺寸较小，而且将被蒙在胶合板面层之内，故只起到骨架作用。其竖向与横向方木的连接，通常采用单榫结构，不必像镶板门那样复杂，在一些面积不大的装饰门制作时，其骨架的横竖连接也可采用钉、胶结合的方法。门扇两面的面层蒙板，一般是使用 4mm 厚的胶合板。

木窗主要是由窗框与窗扇两部分组成。窗框由梃、上冒头和下冒头组成，有上亮时需设中贯横档；窗扇由上冒头、下冒头、扇梃、窗棂等组成。窗扇玻璃装于冒头、扇梃和窗棂之间（图 2-26）。

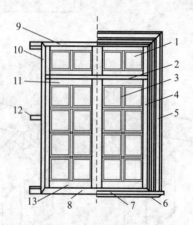

图 2-26　木窗的构造组成

1—亮子；2—中贯档；3—窗棂；4—扇梃；5—贴脸板（包框装饰）；6—窗盘线；
7—窗台板；8—窗框（樘）下冒头；9—窗框上冒头；10—框梃；
11—窗扇上冒头；12—木砖；13—窗扇下冒头

55. 什么叫做夹板装饰门?

答：夹板门扇骨架由 32～35mm×34～60mm 方木构成纵横肋条，两面贴面板和饰面层，如贴各类装饰板、防火板、微薄木拼花拼色、镶嵌玻璃、装饰造型线条等。

56. 什么叫做镶板装饰门？

答：镶板装饰门也称框式门，其门扇由框架配上玻璃或木镶板构成。镶板门框架由上、中、下冒头和边框组成，框架内嵌装玻璃称实木框架玻璃门。

57. 什么叫做不锈钢片包门框？

答：不锈钢片包门框指的是将门框的木材表面，用不锈钢片包护起来，增加门的美观，还可免受火种直接烧烤。在包不锈钢片时，可在包不锈钢片前先铺衬毛毡或石棉板，以增强防火能力，也可以不铺其他东西只包不锈钢片。

58. 门窗五金都包括哪些内容？

答：（1）木门窗五金包括：折页、插锁、风钩、弓背拉手、搭扣、弹簧折页、管子拉手、地弹簧、滑轮、滑轨、门轧头、铁角、木螺钉等。

（2）铝合金门窗五金包括：卡销、滑轮、铰拉、执手、拉把、拉手、风撑、角码、牛角制、地弹簧、门销、门插、门铰等。

（3）其他五金包括：L形执手锁、球形执手锁、地锁、防盗门扣、门眼、门碰珠、电子锁（磁卡锁）闭门器、装饰拉手等（见图2-27）。

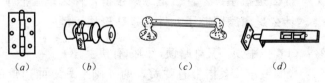

(a) (b) (c) (d)

图 2-27 五金件

(a) 合页；(b) 门锁；(c) 拉手；(d) 插销

59. 特殊五金都包括哪些内容？

答："特殊五金"项目指贵重五金及业主认为应单独列项的

五金配件。特殊五金名称是指拉手、门锁、窗锁等，用途是指具体使用的门或窗，应在工程量清单中进行描述。

60. 什么是门窗套？

答：（1）门窗套是将门窗洞口的周边包护起来，避免此处磕碰损伤，且易于清洁。门窗套一般采用与门扇相同的材料，如木门窗采用木门、窗套，铝合金门采用铝合金门套。为取得特定的装饰效果也可用陶质板材或石质板材制作门套。

（2）门窗套通常由贴脸板和筒子板组成。木质贴脸板一般厚15～20mm，宽 30～75mm，截面形式多样。在门窗框与墙面接缝处用贴脸板盖缝收头，沿门框另一边钉筒子板，门窗洞另一侧和上方也设筒子板，如图 2-28 所示。

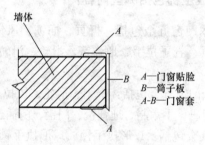

图 2-28　门窗套示意图

61. 什么是执手锁？什么是蝴蝶铰链？什么是暗插锁？什么是窗扇竖芯子？什么是球形执手锁？

答：（1）执手锁。又称暗锁，两面有执手。

（2）蝴蝶铰链。系指带有弹簧，两外侧呈蝴蝶曲边形的铰链，如纱门扇安装蝴蝶铰链，纱门开启后可自行关闭。

（3）暗插锁。是嵌在门扇侧面的插销，能保护侧表面平齐。

（4）窗扇竖芯子。是指窗玻璃芯子全为竖向装置。玻璃芯子又称玻璃菱。

（5）球形执手锁。平时在室内外用执手即可开启，此时起防风作用。如需锁闭时，在室内将旋钮揿进，在室外要开启门锁时，必须用钥匙打开。如将旋钮揿进后再旋转 70°或 90°，对室外则起保险锁闭的作用。

62. 什么是防盗门？什么是防火门？什么是电子感应门？什么是电动伸缩门？

答：（1）防盗门。市场上品种很多、款式各异，材料主要有钢、铝合金两种。防盗门的产品质量必须符合公安部《防盗安全通用技术条件》（CA25-93）的标准。

（2）防火门。按材料分有木质防火门、钢质防火门；按耐火极限分，国际 ISO 标准有甲级、乙级、丙级三个等级，甲级防火门耐火极限为 1.2h，乙级防火门耐火极限为 0.9h，丙级防火门耐火极限为 0.6h。门的尺寸一般采用国家建筑标准中常用的尺寸。

（3）电子感应门。利用电子感应原理来控制门的开闭及旋转的门，称电子感应门。

（4）电动伸缩门。根据电动原理能自动伸缩来控制门开闭的门称电动伸缩门。

63. 什么是门窗贴脸？什么是筒子板？什么是窗帘棍？

答：（1）门窗贴脸。是指当门窗框与内墙面齐平时与墙总有一条明显缝口，在门窗使用筒子板时，也与墙面存有缝口，为了遮盖此种缝口而装钉的木板盖缝条。它的作用是保持整洁、防止透风，一般用于高级装修。另外，当两扇门窗关闭时，也存有缝口，为遮盖此缝口而装订的木板盖缝条叫做盖口条，它装钉在先行开启的一扇上，主要用于遮风挡雨。

（2）筒子板。设置在室内门窗洞口处，又称堵头板，其面板一般用五层胶合板（五夹板）制作，并采用镶钉的方法。

（3）窗帘棍。是用来安装窗帘并使窗帘布悬吊的横杆，窗帘盒是为了装饰而安放窗帘棍、滑轮、拉线的盒子。

64. 什么叫做单裁口？什么叫做双裁口？

答：单、双裁口，俗称"打子口"。

(1) 单裁口即安装单层木门窗框上的裁口线。

(2) 双裁口即安装双层木门窗或一玻一纱窗框上的裁口线。

65. 如何理解窗台、窗台板、虎头砖？

答：窗台是指砖墙窗洞下底边的平台面。窗框若与内墙面齐平，则窗框以外露出的洞口平台面叫做外窗台，窗框若与外墙面齐平，则窗框以内的洞口平台面叫做内（或里）窗台。

在窗台部分用砖平砌，并凸出墙面，或用预制钢筋混凝土板平放在窗台面上，或用木板平放在窗台面上等，都叫做窗台板，即窗台面上凸出墙面的平板。它的作用是导引窗台面上的雨水流向墙外，并保护台面整洁，所以外窗台一般都略向外倾斜。

如果把平砌砖的窗台板改为将砖侧立扁砌，这种做法习惯叫做虎头砖，全称为窗台虎头砖。

66. 什么叫做双层玻璃窗？什么叫做组合窗？什么叫做百叶窗？

答：(1) 双层玻璃窗。指两层窗扇都装玻璃的窗户，主要用于保温、隔热的房间。

(2) 组合窗。分为两种：进框式和靠框式。进框式即组合窗的中悬扇关闭后，扇梃全部进入窗框裁口之内的形式；靠框式即中悬扇关闭后，扇下冒头靠在窗框之外，窗下冒头底面与窗下框顶面交错 15mm，窗下框不裁口的形式。

(3) 百叶窗。窗扇由一些横板条组成，并且板条间有较为均匀的空隙以便通风透气，从而组成鱼鳞状的百叶窗。

67. 什么是调和漆二遍？

答：调和漆一般涂刷两遍。第一遍（头道）漆，过去都是采用铅油（即厚漆），而今改用无光调和漆，定额取定量按 $9.17kg/m^2$。第二遍面漆用调和漆，定额取定量为 $10.4kg/100m^2$。

68. 什么是腻子？有何作用？

答：腻子也叫做油漆腻子，是由体质颜料（填料）、胶粘剂、颜料组成。它的作用是将基体或基层表面坑洼不平的地方填平，通过砂纸打光，使基层表面平整、光滑。

69. 磁漆、醇酸磁漆各有什么特点？

答：（1）磁漆与磁性调和漆在成膜基料构成上有很大不同，例如，"各色酚醛磁漆"（型号：F04-1）系以干性植物油及松香改性酚醛树脂熬炼后与颜料及体质颜料研磨，加入催干剂、溶剂等加工、调制而成。漆膜坚硬、色彩鲜艳、光泽好、附着力强、常温干燥，但耐候性差。配套底漆为酯胶底漆、红丹防锈漆、铁红防锈漆等，主要用于室内木器、金属等表面之涂装。

（2）各色醇酸磁漆（型号：C04-2）又名银粉耐热醇酸磁漆，系以中油度醇酸树脂、颜料、催干剂及 200 号油漆溶剂油或松节油与二甲苯调制而成。具有较好的光泽和机械强度、耐候性好、能自然干燥亦可低温烘干，适用于金属及木制品表面的涂装。

70. 什么是漆片？它的用途和特点是什么？

答：走进油漆五金店可以看到货架上摆有许多瓶装的虫胶漆。虫胶漆系以虫胶和 95% 乙醇配制而成（若自行配制时应将虫胶片加入酒精中，切不可将酒精倒入虫胶片中），俗称泡立斯或泡力水，也可称为虫胶清漆或洋干漆。虫胶片就是漆片，因它的颜色呈紫色，所以也称为紫胶，它是热带地区树木上的一种昆虫分泌物经加工而成的。

漆片一般多与硝基清漆配套使用，即先在木器上涂刷漆片溶液，然后以硝基清漆罩面。虫胶漆适用于木器罩光，涂刷方便，漆膜均匀有光泽。但不宜在潮湿和受热影响的物体上应用，耐烫性差，遇热发白。虫胶漆不溶于一般石油、苯类和酯类等溶剂，因此可用来隔离用油色着色的木器面及节子中的树脂等。

71. 硝基清漆、过氯乙烯清漆和醇酸清漆的特点与用途有哪些？

答：硝基清漆、过氯乙烯清漆和醇酸清漆的特点与用途见表 2-12。

硝基清漆、过氯乙烯清漆和醇酸清漆的特点与用途　表 2-12

名　称	型　号	组　成	特性及用途
硝基清漆（俗名"腊克"）	Q01—1	系以硝化棉、醇酸等合成树脂、增塑剂及有机溶剂配制加工而成	干燥快，有良好的光泽和较好耐久性，用于木质器件、装修及金属表面的涂饰及硝基磁漆的罩面。是一种高档漆
过氯乙烯清漆	G01—5	系以过氯乙烯树脂、稳定剂、醇酸树脂及酯、酮、苯类溶剂加工而成	干燥快，有一定耐化学腐蚀性，但附着力较差。适用于化工设备、管道表面及木材表面作防腐之用
醇酸清漆	C01—1	系以干性植物油、改性的中油度醇酸树脂加以催干剂、溶剂加工、调制而成	漆膜具有较好的附着力和耐久性，但耐水性稍差。用于室内外金属、木材表面涂层的罩光

72. 调和漆和磁漆有何区别？

答：定额中所指的调和漆是油性调和漆的简称，它与磁漆属同一类，但性质有些不同。

油性调和漆是以干性植物油为主要基料，加入着色颜料和体质颜料研磨后加入催干剂，并用 200 号溶剂汽油或松节油与二甲苯的混合溶剂调配而成。这种漆附着力好、不易脱落，不易龟裂，但光泽和硬度较差，干燥较慢。

磁漆是磁性调和漆的简称。它也是以干性植物油为主要基料，但在基料中要加入树脂，然后同调和漆一样，加入着色颜料和体质颜料、溶剂及催干剂等配制而成。它的干燥性比油性调和漆好，漆膜较硬，光亮平滑，但抗候性差，易失光龟裂，因此多用于室内。磁漆按加入的树脂不同，分为脂胶磁漆、酚醛磁漆和醇酸磁漆等。

磁漆与调和漆的根本区别是，磁漆内含有树脂，着色颜料艳丽，而调和漆则不能。

73. 聚氨酯漆和色聚氨酯漆有何区别？

答：聚氨酯漆是聚氨基甲酸漆的简称，它是以多异氰酸酯和多羟基化合物反应而得的聚氨基甲酸酯为主要成膜物质的油漆，是一种价廉物美的新型涂料，它在漆膜光泽度方面可与硝基漆媲美，光洁细腻；而耐久性、耐水性、耐高温性方面，与生漆（即国漆）不相上下，并且操作简便，施工时间短，是目前大量推广的新型涂料之一。

聚氨酯漆有清漆和磁漆之分，加入颜料的为磁漆，不加颜料的为清漆，由于聚氨酯漆的类别是根据成膜物质聚氨酯的化学组成及固化机理的不同而命名的，如湿固化型聚氨酯漆、封闭型聚氨酯漆、羟基固化型和催化固化型聚氨酯漆等，所以在定额中为简便起见，以是否加入颜料而进行区别，加入颜料的聚氨酯漆为色聚氨酯漆（即磁漆），未加颜料的为聚氨酯漆（即清漆）。

74. "地板漆"是指什么漆？

答：定额所指的地板漆是针对木地板而言，一般采用 F80-1 酚醛地板漆或 T80-2 脂胶地板漆，高级木条地板也可用硝基清漆或聚氨酯清漆。

75. 清漆和调和漆有何区别？

答：油漆是由多种原料制成的，它包括主要成膜物质料、树脂等，次要成膜物质（如着色颜料，体质颜料等）和助成膜物质（如稀释溶剂、催干剂等）三大部分。

在油漆中没有加入颜料的透明液体称为清漆。清漆按油料和树脂的不同，分为油基清漆（如酯胶清漆、酚醛清漆）和树脂清漆（如醇酸清漆、氨基清漆、环氧清漆、硝基清漆、过氯乙烯清漆、丙烯酸清漆等）两大类。

在油基清漆中加入着色颜料和体质颜料即成为调和漆。其他主要成膜物质的油漆中，虽也有加入着色颜料和体质颜料但均不称为调和漆，而是以主要成膜物质的名称而命名的醇和酸称为醇酸树脂漆，以酚醛树脂为成膜物质的称为酚醛树脂漆等。

76. 什么是"广（生）漆"？

答：广（生）漆是一种天然漆，它是由一种天然植物（即谓之漆树）的液汁经过滤，除去杂质而得。它有两个品种，即生漆（又称国漆、土漆、天然大漆等）和广漆（又称熟漆、坏漆等）。

生漆是将过滤后的液汁经过曝晒，低温烘烤，或将漆置于放水的容器内用文火加温，使其脱去一部分水分后加入适量改性溶剂而成。

广漆是在生漆中掺入坯油（即熟桐油）配制而成，它的光亮度比生漆好。在预算中若遇油漆品种和材料单价不同时，单价可以调整。

77. 什么是仿石漆？什么是真石漆？

答：仿石漆是艺术涂料中，制作难度非常大的一类涂料，又称为仿石涂料，是用涂料仿石材，仿作天然石材，其效果形象生动，无论是质感，还是色彩都接近天然石材，只是在硬度上略有欠缺。仿石漆包括真石漆，仿砂岩漆，仿大理石漆，仿风化石漆，仿法国木纹石，仿玛瑙石，仿玉石，仿花岗岩漆，仿洞石漆等，主要是由制作者个人的素质决定的。

天然石材装饰的建筑物华丽、高贵，品质较高，但由于天然石材价格昂贵，施工不便，所以目前市场上比较流行的是一种仿真石材的建筑涂料—真石漆涂料。该涂料直接喷涂，其装饰效果具有天然石材的质感和色彩，使用真石漆装饰的建筑物，不仅具有石材的豪华外观和坚硬度，而且具有典雅、高贵，立体感强等艺术效果，真石漆具有优良的耐候性，不褪色和耐沾污性，使用寿命10年以上，是替代天然石材饰面的一种材料。

78. 什么是"磨退出亮"?

答：磨退出亮是硝基清漆涂饰工艺中的最后一道工序，它由水磨、抛光擦蜡、涂擦上光剂三步做法组成。因为物面涂层漆膜必须经过精细的水磨，才能摩擦出良好的光泽，水磨是使用400～500号水砂纸，先用毛巾在清水中浸湿，并敷擦于被砂磨的漆膜面上，再将肥皂全面涂擦一遍，使其形成肥皂水溶液，然后用水砂纸打磨，使漆膜面无浮光、无小麻点，平整光亮如镜。

抛光擦蜡的作用是使平整光洁的漆膜面，呈现出具有镜子般的光泽。它是在经水磨后的物面上，用棉球浸蘸渗透抛光膏溶液，涂敷于漆膜面上使劲揩擦，使之呈现出光泽，然后用干净柔软棉纱擦净物面，最后涂擦上光剂（即上光蜡），并用棉纱使劲揩擦腊面，使漆膜面上的白雾光消除，即可呈现出光泽似镜的效果。

79. 乳胶漆有哪些类型?

答：乳胶漆一般只在抹灰面上使用，它以乳胶为主要成膜物质，再与颜料浆调合而成。其中乳胶由树脂、乳化剂和保护胶、酸碱度调节剂、消泡剂和增韧剂等组成。颜料浆是由着色颜料、体质颜料和各种助剂加水研磨而成。

常用的乳胶漆有：丁苯乳胶漆、聚醋酸乙烯乳胶漆、丙烯酸乳胶漆和油基乳化漆四种类型。

80. 什么是塑料壁纸? 它是怎样分类的?

答：塑料壁纸是以纸为基材，以聚氯乙烯塑料为面层，经压延或涂布以及印刷、轧花或发泡而成。用胶粘剂贴于建筑物的内墙面或顶棚面，粘贴后不再进行装饰。

塑料壁纸分为普通壁纸、发泡壁纸及特种壁纸三类。

普通壁纸有单色轧花壁纸、印花轧花壁纸、光印花壁纸和平光印花壁纸四个品种。

发泡壁纸有高发泡轧花壁纸、低发泡印花壁纸和低发泡印花压花壁纸三个品种。

特种壁纸有阻燃壁纸、防潮壁纸、彩砂壁纸和抗静电壁纸四个品种。

81. 塑料壁纸外观质量有何规定？

答：塑料壁纸按其外观质量分为优等品、一等品及合格品三个等级。各等级的外观质量应符合表 2-13 的规定。

塑料壁纸外观质量标准　　　　　　　　　　表 2-13

名　称	等　级		
	优等品	一等品	合格品
色差	不允许有	不允许有明显差异	允许有差异，但不影响使用
伤痕和皱折	不允许有	不允许有	允许基纸有明显折印，但壁纸表面不许有死折
气泡	不允许有	不允许有	不允许有影响外观的气泡
套印精度	偏差不大于0.7mm	偏差不大于1mm	偏差不大于 2mm
露底	不允许有	不允许有	不允许有 2mm 的露底，但不允许密集
漏印	不允许有	不允许有	不允许有影响外观的漏印
污染点	不允许有	不允许有目视明显的污染点	允许有目视明显的污染点，但不允许密集

82. 什么是隔墙？什么是隔断？

答：（1）隔墙是分割房屋或建筑物内部大空间的到顶的非承

重的墙体。它按所使用的材料不同分为：砖砌体隔墙、石膏板隔墙、加气混凝土板隔墙、木条板隔墙等。

（2）隔断是用以分割房屋或建筑物内部大空间的不到顶的非承重墙，作用是使空间大小更加合适，并保持通风采光效果。一般要求隔断自重轻、厚度薄、拆移方便，并具有一定刚度和隔声能力。

83. 什么是压条？什么是装饰线？

答：（1）压条是指饰面的平接面、相交面、对接面等衔接口所用的板条。

（2）装饰线在装饰工程定额中是指门窗套、挑檐、腰线、压顶、遮阳板、楼梯边梁、宣传栏边框等凸出墙面的竖、横线条。在建筑工程定额中装饰线则指凸出顶棚的线条、墙脚、柱帽的线脚。

84. 什么是外脚手架？什么是水平防护架？什么是垂直防护架？什么是斜道？

答：（1）外脚手架是沿建筑物外围从地面搭起，既可用于外墙砌筑，又可用于外墙装修施工。其工作内容主要有平土、挖坑、安底座、打缆风桩、拉缆风绳、内外材料运输、搭拆脚手架、上料平台、挡脚板、护身栏杆、上下翻板子和拆除后的材料堆放整理等。其主要结构有多立杆式、桥式、框式，其中以多立杆式和框式最为普遍。

（2）水平防护架是沿水平方向用钢管搭设的一个架子通道，上面铺满脚手板。不是直接服务于施工的，而是间接为工程施工顺利进行而单独搭设的用于车马通道、人行通道的防护。

（3）垂直防护架是指在建筑物的垂直面上，利用钢管搭设而成，外面固定上竹笆或黄席的垂直隔离构件。

（4）斜道又称盘道、马道，附着于脚手架旁。一般用来供人员上下脚手架。有些斜道兼作材料运输。

85. 什么是外架全封闭？什么是安全网？什么是成品保护？

答：（1）外架全封闭是指临街建筑物，为防止建筑材料及其他物品坠落伤人而采取的将建筑物外围整个用封席材料封闭起来。其隔绝了施工现场与外界的不必要联系通道，并且外架全封闭具有防风作用。

（2）安全网是指建筑工人在高空进行建筑施工、设备安装时，在其下或其侧设置的棕绳或尼龙网。其用以防止操作人员和材料坠落，伤及路人。安全网是与工作层同步安装的。

（3）成品保护一般是指在施工过程中，某些分部或分项工程已经完成，而其他一些分部或分项工程尚在施工；或者是在其分项工程施工过程中，某些部位已完成，而其他部位正在施工的情况下，施工单位必须对已完成部分采取妥善措施予以保护，以免因成品缺乏保护或保护不善而造成损伤或污染，影响工程整体质量。在进行装饰装修工作前已经完工单位工程的成品、半成品及水（电、煤气）表、采暖设备、入户门、洁具及已经安装不须改造的地方尤其需要进行成品保护。根据建筑产品的特点的不同，可以分别对成品采取"防护"、"包裹"、"覆盖"、"封闭"等保护措施，以及合理安排施工顺序等来达到保护成品的目的。例如，对镶面大理石柱可用立板包裹捆扎保护，铝合金门窗可用塑料布包扎保护等，预制水磨石或大理石楼梯可用木板覆盖加以保护，地面可用锯末、苦布等覆盖，以防止喷浆等污染。

86. 什么是成品保护费？

答：成品保护费是指项目所需材料运输、保管及制成成品后所需保护材料及人工费用。常见如大理石铺砌成品后，在上方铺垫草席、麻袋等软质材料用于吸水、保护成品作用所需的费用。

第三章 装饰装修预算员应掌握的专业技能

第一部分 定额计价模式

1. 什么是定额？定额有哪些分类？

答："定"就是规定，"额"就是额度或数量，即规定之数量。定额就是规定在产品生产中人力、物力或资金消耗的标准额度，它能够反映一定社会生产力的水平。

（1）按照定额编制程序和用途，分为施工定额、预算定额、概算定额、概算指标、投资估算指标 5 种。

（2）按专业，可分为建筑装饰定额、安装定额、市政定额、园林绿化定额等。

2. 什么是装饰装修工程预算定额？

答：装饰装修工程预算定额，是指在一定合理的施工技术条件和建筑艺术综合条件下，消耗在合格质量的装饰分项工程或结构构件上的人工、材料和机械台班数量标准及相应的费用额度。是计算建筑安装产品价格的基础。

3. 什么是人工单价？

答：人工单价是指一个建筑安装工人一个工作日内的全部预算人工费用。它反映了一定时期一定地区内建筑业工人的工资水平和建筑安装工人在完成了一个工作日后所应获得的报酬，人工单价是正确计算人工费和工程造价的前提和基础。

（1）计时工资或计件工资：是指按计时工资标准和工作时间

或对已做工作按计件单价支付给个人的劳动报酬。

（2）奖金：是指对超额劳动和增收节支支付给个人的劳动报酬。如节约奖、劳动竞赛奖等。

（3）津贴补贴：是指为了补偿职工特殊或额外的劳动消耗和因其他特殊原因支付给个人的津贴，以及为了保证职工工资水平不受物价影响支付给个人的物价补贴。如流动施工津贴、特殊地区施工津贴、高温（寒）作业临时津贴、高空津贴等。

（4）加班加点工资：是指按规定支付的在法定节假日工作的加班工资和在法定日工作时间外延时工作的加点工资。

（5）特殊情况下支付的工资：是指根据国家法律、法规和政策规定，因病、工伤、产假、计划生育假、婚丧假、事假、探亲假、定期休假、停工学习、执行国家或社会义务等原因按计时工资标准或计时工资标准的一定比例支付的工资。

4. 什么是预算定额中人工工日消耗量？如何确定预算定额的人工消耗指标？

答：预算定额中人工工日消耗量是指在正常施工生产条件下，生产单位合格产品必须消耗的人工工日数量，是由分项工程所综合的各个工序劳动定额包括的基本用工、其他用工以及劳动定额与预算定额工日消耗量的幅度差三部分组成的。

（1）基本用工。指完成单位合格产品所必需消耗的技术工种用工。包括：

1）完成定额计量单位的主要用工。按综合取定的工程量和相应劳动定额进行计算，计算公式为：

$$基本用工 = \sum（综合取定的工程量 \times 劳动定额）$$

例如，工程实际中的砖基础，有一砖厚，一砖半厚，二砖厚等之分，用工各不相同，在预算定额中由于不区分厚度，需要按统计的比例，加权平均（即上述公式中的综合取定）得出用工。

2）按劳动定额规定应增加计算的用工量。例如，砖基础埋

96

深超过 1.5m，超过部分要增加用工。预算定额中应按一定比例给予增加。又如，砖墙项目要增加附墙烟囱孔、垃圾道、壁橱等零星组合部分的用工。

3）由于预算定额以劳动定额子目综合扩大的，包括的工作内容较多，施工的工效视具体部位而不一样，需要另外增加用工，列入基本用工内。

（2）其他用工。预算定额内的其他用工，包括材料超运距运输用工和辅助工作用工。

1）材料超运距用工，是指预算定额取定的材料、半成品等运距，超过劳动定额规定的运距应增加的工日。其用工量以超运距（预算定额取定的运距减去劳动定额取定的运距）和劳动定额计算，计算公式为：

$$超运距用工 = \sum（超运距材料数量 \times 时间定额）$$

2）辅助工作用工，辅助工作用工是指劳动定额中未包括的各种辅助工序用工，如材料的零星加工用工、土建工程的筛砂子、淋石灰膏、洗石子等增加的用工量。辅助工作用工量一般按加工的材料数量乘以时间定额计算。

3）人工幅度差，人工幅度差是指预算定额对在劳动定额规定的用工范围内没有包括，而在一般正常情况下又不可避免的一些零星用工，常以百分率计算。一般在确定预算定额用工量时，按基本用工、超运距用工、辅助工作用工之和的 10%～15% 范围内取定，其计算公式为：

$$人工幅度差（工日） = （基本用工 + 超运距用工 + 辅助用工）\times 人工幅度差百分率$$

在组织编制或修订预算定额时，如果劳动定额的水平已经不能适应编修期生产技术和劳动效率情况，而又来不及修订劳动定额时，可以根据编修期的生产技术与施工管理水平，以及劳动效率的实际情况，确定一个统一的调整系数，供计算人工消耗指标时使用。

5. 什么是材料单价？

答：材料预算价格即材料单价，是指建筑装饰材料由其来源地运到工地仓库（施工现场）后的出库价格，材料从采购、运输到保管全过程所发生的费用，构成了材料单价。

材料预算价格是由材料原价、运杂费、运输损耗费、采购保管费等组成，计算公式如下：

材料预算价格＝（材料原价＋材料运杂费＋运输损耗费）

×（1＋采购保管费率）

（1）材料原价 即材料出厂价、进口材料的抵岸价或销售部门的批发价。当同一种材料因材料来源地、供应渠道不同而有几种原价时，应根据不同来源地的供应数量及不同的单价计算出加权平均原价。

$$加权平均原价 = K_1C_1 + K_2C_2 + \cdots + K_nC_n$$

式中，K_1，K_2，$\cdots$，K_n 为不同地点的供应量占所有供应量的比例；C_1，C_2，$\cdots$，C_n 为不同地点的供应价。

【例 3-1】 某建筑工地需要某种材料共计 300t，选择甲、乙、丙三个供货地点，甲地出厂价为 390 元/t，可供货 40%；乙地出厂价为 430 元/t，可供货 25%；丙地出厂价为 400 元/t，可供货 35%。计算该种材料的原价。

【解】 材料原价＝390×40%＋430×25%＋400×35%

＝403.5（元/t）

（2）材料运杂费 是指材料由来源地运至工地仓库或施工现场堆放地点全部过程中所支付的一切费用，包括运输费、装卸费、调车或驳船费。

若同一品种的材料有若干个来源地，材料运杂费应根据运输里程、运输方式、运输条件供应量的比例加权平均的方法。

（3）运输损耗费 是指材料在装卸、运输过程中发生的不可避免的合理损耗。该费用可计入材料运输费，也可以单独计算。

运输损耗费 ＝（材料原价 ＋ 材料运杂费）× 运输损耗率

（4）采购保管费　是指材料部门在组织订货、采购、供应和保管材料过程中所发生的各种费用。包括采购费、工地管理费、仓储费、仓储损耗等。

由于建筑装饰材料的种类、规格繁多，采购保管费不可能按每种材料在采购过程中所发生的实际费用计取，只能规定几种费率。目前，由国家统一规定的综合采购保管费率为 2.5%（其中采购费率为 1%，保管费率为 1.5%）。由建设单位供应材料到现场仓库的，施工企业只收保管费。

采购保管费 ＝（材料原价 ＋ 材料运杂费 ＋ 运输损耗费）
　　　　　　×采购保管费率

或　采购保管费 ＝[（材料原价 ＋ 运杂费）×（1 ＋ 运输损耗率）]
　　　　　　×采购保管率

6. 什么是预算定额中的材料消耗量？如何确定预算定额的材料消耗指标？

答：预算定额中的材料消耗量是在合理和节约使用材料的条件下，生产单位假定工程产品（即分部分项工程或结构件）必须消耗的一定品种规格的材料、半成品、构配件等的数量标准。材料消耗量计算方法主要有：

（1）凡有标准规格的材料，按规范要求计算定额计量单位的耗用量，如砖、防水卷材、块料面层等。

（2）凡设计图纸标注尺寸及下料要求的按设计图纸尺寸计算材料净用量，如门窗制作用材料，方板料等。

（3）换算法。各种胶接、涂料等材料的配合比用料，可以根据要求条件换算，得出材料用量。

（4）测定法。包括实验室试验法和现场观察法。指各种强度等级的混凝土及砌筑砂浆配合比的耗用原材料数量的计算，需按照规范要求试配，经过试压合格以后并经过必要的调整后得出水泥、砂子、石子、水的用量。对新材料、新结构又不能用其他方法计算定额消耗用量时，需用现场测定方法来确定，根据不同条件可以采用写实记录法和观察法，得出定额的消耗量。

材料损耗量指在正常条件下不可避免的材料损耗，如现场内材料运输及施工操作过程中的损耗等，其关系式为

$$材料损耗率 = 损耗量/净用量×100\%$$

$$材料损耗量 = 材料净用量×损耗率$$

$$材料消耗量 = 材料净用量+损耗量$$

或　　　　　材料消耗量＝材料净用量×(1+损耗率)

其他材料的确定，一般按工艺测算，并在定额项目材料计算表内列出名称、数量，并依编制期价格以其他材料占主要材料的比率计算，列在定额材料栏之下，定额内可不列材料名称及消耗量。

7. 什么是机械台班单价?

答：施工机械台班单价是指一台施工机械在正常运转条件下一个工作班中所发生的全部费用。具体内容包括：折旧费、大修理费、经常修理费、安拆费及场外运输费、机上人工费、燃料动力费、其他费用（养路费、车船使用税、保险费）七部分。

8. 什么是预算定额中的机械台班消耗量? 如何确定预算定额的机械消耗指标?

答：预算定额中的机械台班消耗量是指在正常施工条件下，生产单位合格产品（分部分项工程或结构件）必须消耗的某类某种型号施工机械的台班数量。它由分项工程综合的有关工序劳动定额确定的机械台班消耗量以及劳动定额与预算定额的机械台班幅度差组成。

垂直运输机械依工期定额分别测算台班量，以台班/100m² 建筑面积表示。

确定预算定额中的机械台班消耗量指标，应根据《全国统一建筑安装工程劳动定额》中各种机械施工项目所规定的台班产量

加机械幅度差进行计算。若按实际需要计算机械台班消耗量，不应再增加机械幅度差。

机械幅度差是指在劳动定额（机械台班量）中未曾包括的，而机械在合理的施工组织条件下所必需的停歇时间，在编制预算定额时，应予以考虑，其内容包括：

① 施工机械转移工作面及配套机械互相影响损失的时间；

② 在正常的施工情况下，机械施工中不可避免的工序间歇；

③ 检查工程质量影响机械操作的时间；

④ 临时水、电线路在施工中移动位置所发生的机械停歇时间；

⑤ 工程结尾时，工作量不饱满所损失的时间。

9. 什么是机械台班使用定额？它有哪些表达形式？

答：机械台班使用定额是指在正常的施工条件及合理的劳动组织和合理使用施工机械的条件下，生产单位合格产品所必须消耗的一定品种、规格、施工机械的作业时间标准。其中包括准备与结束时间、基本作业时间、辅助作业时间，以及工人必需的休息时间。机械台班定额以台班为单位，每一台班按 8 小时计算。其表达形式有时间定额和产量定额两种。

10. 什么是机械台班产量定额？如何计算？

答：机械台班产量定额是指某种机械在合理的劳动组织、合理的施工组织和正常使用机械的条件下，在单位机械时间内完成质量合格的产品的数量。

机械台班产量定额＝1/机械台班时间定额

11. 如何计算陶瓷块料的用量？

答：陶瓷块料的用量计算公式为

$$100\text{m}^2 \text{ 用量} = \frac{100}{(\text{块料长}+\text{拼缝})\times(\text{块料宽}+\text{拼缝})}\times(1+\text{损耗率})$$

【例 3-2】 釉面瓷砖规格为 138mm×138mm，接缝宽度为 1.5mm，其损耗率为 1%。求 100m² 需用块数。

【解】 $100\text{m}^2 \text{用量} = \dfrac{100}{(0.138+0.0015)\times(0.138+0.0015)}$
$\times(1+0.01)=5190（块）$

12. 如何计算建筑板材的用量？

答：因板材施工多采用镶嵌、压条及圆钉或螺钉固定，也可胶粘等，故一般不计算拼缝，其计算公式为 $100\text{m}^2 \text{用量} = \dfrac{100}{块料长\times块料宽}\times（1+损耗率）$。

【例 3-3】 胶合板规格为 1220mm×2440mm，不计算拼缝，其损耗率为 1.5%。求 100m² 需用张数。

【解】 $100\text{m}^2 \text{用量} = \dfrac{100}{1.22\times2.44}\times(1+0.015)=34（张）$

13. 如何计算涂料用量？

答：计算涂料用量，首先计算涂刷面积，再乘以这种涂料的遮盖力（g/m²），除以 1000，即得涂料（刷一遍）的用量。其计算公式如下：

$$净涂用量 = 涂刷面积\times遮盖力\times\dfrac{1}{1000}$$

【例 3-4】 涂刷绿色厚漆 250m²，其遮盖力为 80g/m²，如涂刷一遍需多少绿色厚漆？

【解】 $净涂用量 = 250\times80\times\dfrac{1}{1000}=20（kg）$

14. 定额的使用有哪几种情况？

答：（1）定额的直接套用

当分项工程设计要求的工程内容、技术特征、施工方法、材料规格等与拟套的定额分项工程规定的工作内容、技术特征、施工方法、材料规格等完全相符时，可直接套用定额。这种情况是编制施工图预算的大多数情况。

（2）定额的换算

当施工图设计要求与拟套的定额项目的工程内容、材料规格、施工工艺等不完全相符时，则不能直接套用定额。这时应根据定额规定进行计算。如果定额规定允许换算，则应按照定额规定的换算方法进行换算；如果定额规定不允许换算，则对该定额项目不能进行调整换算。

① 预算定额乘系数换算：根据定额的分部说明或附注规定，将定额基价或部分内容乘以规定系数。

② 当只是定额中部分内容调整时：换算后基价＝定额基价＋调整部分金额×（调整系数－1）

③ 当全部定额调整时：换算后基价＝定额基价×调整系数

15. 定额调整与换算的条件有哪些？

答：定额的换算或调整是指使用装饰预算定额中规定的内容和设计图纸要求的内容取得一致的过程，在换算或调整时需同时满足两个条件：

（1）定额子目规定内容与工程项目内容部分不相符，而不是完全不相符，这是能否换算的第一个条件。

（2）第二个条件是定额规定允许换算。

定额换算的实质就是按定额规定的换算范围、内容和方法，对某些项目的工程材料含量及其人工、机械台班等有关内容所进行的调整工作。

定额是否允许换算应按定额说明，这些说明主要包括在定额"总说明"、各分部工程（章）的"说明"及各分项工程定额表的"附注"中，此外，还有定额管理部门关于定额应用问题的解释。

16. 定额换算遵循什么基本公式？

答：定额换算就是以工程项目内容为准，将与该项目相近的原定额子目规定的内容进行调整或换算，即把原定额子目中有关工程项目不要的那部分内容去掉，并把工程项目中要求而原子目中没有的内容加进去，这样就使原定额子目变换成完全与工程项目相一致，再套用换算后的定额项目，求得项目的人工、材料、机械台班消耗量。

上述换算的基本思路可用数学表达式描述如下：

换算后消耗量 = 定额消耗量 − 应换出数量 + 应换入数量

17. 建筑装饰工程量有什么作用？

答：建筑装饰工程量是计算建筑装饰预算造价的首要工作，也是施工企业安排施工作业计划，组织材料、构（配）件等物资的供应，进行财务管理和成本核算的依据。工程量计算的快慢和准确程度，将直接影响工程计价的速度和质量。

18. 建筑装饰工程量计算的原则是什么？

答：在工程量计算过程中，为了防止错算、漏算和重算，应遵循下列原则。

（1）工程量计算应与预算定额一致

1）计算口径要一致。计算工程量时，根据施工图列出的分项工程所包括的工作内容和范围，必须与所套预算定额中相应分项工程的口径一致。有些项目内容单一，一般不会出错，有些项目综合了几项内容，则应加以注意。例如，楼地面卷材防水项目中，已包括了刷冷底子油一遍的工作内容，计算工程量时，就不能再列刷冷底子油的项目。

2）计量单位要一致。计算工程量时，所采用的单位必须与定额相应项目中的的计量单位一致，而且定额中有些计量单位常为普通计量单位的整倍数，如 10m、10m^2、10m^3 等，计算时还应注意计量单位的换算。

3）计算规则与定额规定一致。预算定额的各分部都列有工程量计算规则，计算中必须严格遵循这些规则，才能保证工程量的准确性。例如，楼地面整体面层按主墙间净空面积计算，而块料面积按饰面的实铺面积计算。

(2) 工程量计算必须与设计图纸相一致

设计图纸是计算工程量的依据，工程量计算项目应与图纸规定的内容保持一致，不得随意修改内容去高套或低套定额。

(3) 工程量计算必须准确

在计算工程量时，必须严格按照图纸所示尺寸计算，不得任意加大或缩小。如不能以轴线长作为内墙净长。各种数据在工程量计算过程中一般保留三位小数，计算结果通常保留两位小数，以保证计算的精度。

19. 建筑装饰工程量计算有哪些方法？

答：一个单位装饰工程，其分项繁多，少则几十个分项，多则几百个，甚至更多些，而且很多分项类似，相互交叉。如果不按科学的顺序进行计算，就有可能出现漏算或重复计算工程量的情况。因此计算工程量必须按一定顺序进行，以免出差错。常用的计算顺序有以下几种。

(1) 按装饰工程预算定额分部分项顺序计算

一般建筑装饰分部分项顺序为：楼地面工程、墙柱面工程、顶棚工程、门窗工程、油漆、涂料、裱糊工程、其他工程以及脚手架及垂直运输超高费等分部，再按一定的顺序列工程分项子目。

(2) 从下到上逐层计算

对不同楼层来说，可先底层、后上层；对同一楼层或同一房间，可以先楼地面，再墙柱面、后顶棚，先主要，后次要；对室内外装饰，可先室内、后室外，按一定次序计算。

(3) 按顺时针顺序计算

在一个平面上，先从平面图的左上角开始，按顺时针方向自左向右，由上而下逐步计算，环绕一周后再回到起始点。这一方法适用于楼地面、墙柱面、踢脚线、顶棚等。

（4）按先横后竖计算

这种方法是依据图纸，按先横后竖，先上后下，先左后右依次计算工程量。这种方法适用于计算内墙或隔墙装饰，先计算横向墙，从上而下进行，同一横线上的，按先左后右，横向计算完后再计算竖向，同一竖线上的按先上后下，然后自左而右地直至计算完毕。

（5）按构件编号顺序计算

此法是按图纸所标各构件、配件的编号顺序进行计算。例如，门窗、内墙装饰立面等均可按其编号顺序逐一计算。

运用以上各种方法计算工程量，应结合工程大小，复杂程度，以及个人经验，灵活掌握，综合运用，以使计算全面、快速、准确。

 20. 建筑装饰工程量计算的步骤是什么？

答：（1）收集相关基础资料

收集相关的基础资料，主要包括经过交底会审后的施工图纸、施工组织设计和有关技术组织措施、国家和地区主管部门颁发的现行装饰工程预算定额、有关的预算工作手册、标准图集、工程施工合同和现场情况等资料。

（2）熟悉审核施工图纸

施工图纸是计算工程量的主要依据。造价人员在计算工程量之前应充分、全面地熟悉、审核施工图纸，了解设计意图，掌握工程全貌，这是准确、迅速地计算工程量的关键。只有在对设计图纸进行了全貌详细的了解，并结合预算定额项目划分的原则，正确全面地分析该工程中各分部分项工程以后，才能准确无误地对工程项目进行划分，以保证正确地计算出工程量。

（3）熟悉施工组织设计

施工组织设计是承包商根据施工图纸、组织施工的基本原则和上级主管部门的有关规定，以及现场的实际情况等资料编制的，用以指导拟建工程施工过程中各项活动的技术、经济组织的综合性文件。它具体规定了组成拟建工程各分项工程的施工方法、施工进度和技术组织措施等。因此，计算装饰工程量前应熟悉并注意施工组织设计中影响工程预算造价的有关内容，严格按照施工组织设计所确定的施工方法和技术组织措施等要求，准确计算工程量，反映工程的客观实际。

(4) 熟悉预算定额或单位估价表

预算定额或单位估价表是计算装饰工程量的主要依据，因此在计算工程量之前熟悉和了解装饰工程预算定额和单位估价表的内容、形式和施工方法，是结合施工图纸迅速、准确地确定工程项目和计算工程量的根本保证。

(5) 确定工程量的计算项目

在装饰工程量计算的步骤中，项目划分具有极其重要的作用，它可使工程量计算有条不紊，避免漏项和重项。对一个装饰工程分部分项子目的具体名称进行列项，可按照下列步骤进行。

1) 认真阅读工程施工图，了解施工方案、施工条件及建筑用料说明，参照预算定额，先列出各分部工程的名称，再列出分项工程的名称，最后逐个列出与该工程相关的定额子目名称。

2) 分部工程名称的确定。一般的装饰工程包括楼地面工程、天棚工程、墙柱面工程、门窗工程、油漆涂料裱糊工程、脚手架工程等。

3) 分项工程名称的确定。分项工程名称的确定需要根据具体的施工图纸来进行，不同的工程其分项工程也不同。例如，有的工程在楼地面工程中会列出垫层、找平层和整体面层等分项工程；有的工程在楼地面工程中会列出垫层、找平层、块料面层等分项工程。

4) 定额子目的确定。根据具体的施工图纸中各分项工程所用材料种类、规格及使用机械的不同情况，对照定额在各分项工程中列出具体的相关定额子目。例如，在墙面工程中的块料面层这一分项工程中，根据材料的种类进行划分有大理石、陶瓷锦砖等项目；根据施工工艺进行划分有干挂、挂贴等。根据这些具体划分和施工图具体情况，最终列出某工程具体空间的块料面层的一个定额子目，如外墙挂贴大理石。

5）通常情况下列项的方法，一般按照对施工过程与定额的熟悉程度可分为以下两种：

① 如果对施工过程和定额只是一般了解，根据图纸按分部工程和分项工程的顺序，逐个按照定额子目的编号顺序查找列出定额子目。若施工图纸中有该内容，则按照定额子目名称列出；若施工图中无该内容，则不列。

② 如果对施工过程和定额相当熟悉，根据图纸按照整个工程施工过程对应列出发生的定额子目，即从工程开工到工程竣工，每发生一定施工内容对应列出一定定额子目。

6）特殊情况下列项的方法：

① 如果施工图中涉及的内容与定额子目内容不一致，在定额规定允许的情况下，应列出一个调整子目的名称。在这种情况下，在调整的定额子目编号前应加一个"换"字。

② 如果施工图中设计的内容在定额上根本就没有相关的类似子目，可按当地颁发的有关补充定额来列子目。若当地也无该补充定额，则应按照造价管理部门有关规定制定补充定额，并需经管理部门批准。在这种情况下，在该定额子目编号前应加一个"补"字。

（6）计算工程量

确定分部分项定额子目名称，并经检查无误后，便可以此为主线进行相关工程量的计算。计算工程量的具体原则与方法见前述内容。

（7）工程量汇总

各分项工程量计算完毕并经仔细复核无误后，应根据预算定额或单位估价表的内容、计量单位的要求，按分部分项工程的顺序逐项汇总、整理，以防止工程量计算时对分项工程量的遗漏或重复，为套用预算定额或单位估价表提供良好的条件。

21. 计算装饰装修工程量时应注意哪些问题?

答:(1) 严格按照预算定额规定的计算规则和已经会审的施工图纸计算工程量,不得任意加大或缩小各部位尺寸。例如,不可将轴线间距作为内墙面装饰长度来进行工程量计算。

(2) 为便于校核,以避免重算或漏算,计算工程量时,一定要注明层次、部位、轴线编号等。如注明二层墙面一般抹灰。

(3) 工程量计算公式中的数字应按相同排列次序来写,如底×高,以便于校核。且数字应精确到小数点后三位。汇总时,可精确到小数点后两位。

(4) 为提高效率,减少重复劳动,应尽量利用图纸中的各种明细表。如门窗明细表等。

(5) 为避免重复或漏算,应按照一定的顺序进行计算。如按定额项目的排列顺序,并按水平方向从左至右计算。

(6) 应采用表格方式进行工程量计算,以便于审核。

(7) 工程量汇总时,计量单位应与定额相一致。

22. 全国统一装饰工程消耗量定额由哪些内容组成?

答:《全国统一建筑装饰装修工程消耗量定额》的基本内容,由目录表、总说明、分章说明及分项工程量计算规则、消耗量定额项目表和附录等组成。

(1) 总说明。《全国统一建筑装饰装修工程消耗量定额》的总说明实质是消耗量定额的使用说明。在总说明中,主要阐述建筑装饰工程消耗量定额的用途和适用范围,编制原则和编制依据,消耗量定额中已经考虑的有关问题的处理办法和尚未考虑的因素,使用中应注意的事项和有关问题的规定等。

(2) 分章说明。《全国统一建筑装饰装修工程消耗量定额》将单位装饰工程按其不同性质、不同部位、不同工种和不同材料等因素,划分为以下六个分部工程:楼地面工程,墙柱面工程,顶棚工程,门窗工程,油漆、涂料、裱糊工程,其他工程。分部以下按工程性质、工作内容及施工方法、使用材料不同等，划分成若干节。如墙、柱面工程分为装饰抹灰面层、镶贴块料面层、墙柱面装饰、幕墙四节。在节以下按材料类别、规格等不同分成若干分项工程项目或子目。如墙柱面装饰抹灰分为水刷石、干粘石、斩假石等项目，水刷石项目又分列墙面、柱面、零星项目等子项。

章（分部）工程说明主要说明消耗量定额中各分部（章）所包括的主要分项工程，以及使用消耗量定额的一些基本规定，并列出了各分部中各分项工程的工程量计算规则和方法。

（3）消耗量定额项目表。消耗量定额项目表是具体反映各分部分项工程（子目）的人工、材料、机械台班消耗量指标的表格，通常是各分部工程按照若干不同的分项工程（子目）归类、排序所列的项目表，它是消耗量定额的核心。消耗量定额项目表一般包括以下两个方面：

1）表头。项目表的上部为表头，实质为消耗量标准的分节内容，包括分节名称、分节说明（分节内容），主要说明该节的分项工作内容。

2）项目表的分部分项消耗指标栏。

表的右上方为分部分项名称栏，包括分项名称、定额编号、分项做法要求，其中右上角表明的是分项计量单位。

项目表的左下方为工、料、机名称栏，其内容包括：工料名称、工料代号、材料规格及质量要求。

项目表的右下方为分部分项工、料、机消耗量指标栏，其内容表明完成单位合格的某分部分项工程所需消耗的工、料、机的数量指标。

项目表的底部为附注，它是分项消耗量定额的补充，具有与分项消耗量指标同等的地位。

（4）附录。消耗量定额附录本身并不属于消耗量定额的内容，而是消耗量定额的应用参考资料，一般包括装饰工程材料损耗率表等资料。附录通常列在消耗量定额的最后，作为消耗量定额换算和编制补充消耗量定额的基本参考资料。

23. 全国统一装饰工程消耗量定额与地区装饰预算定额有何区别？

答：以楼地面工程为例，《全国统一建筑装饰工程消耗量定额》笼统归于饰面的净面积，只是并不扣除面积在 0.1m² 内的孔洞所占面积，而各省制定本省的规则中往往将《全国统一建筑装饰工程消耗量定额》中的装饰面积按饰面的净面积计算加以详细描述。如某省装饰预算定额中规定找平层、整体面层按房间净面积以平方米计算，不扣除墙垛、柱、间壁墙及面积在 0.3m² 以内孔洞所占面积，但门窗洞口、暖气槽的面积也不增加。这时计算找平层、整体面层时应注意不要误把间壁墙所占面积减掉。而块料面层、木地板、活动地板按图示尺寸以平方米计算，扣除柱子所占的面积，门窗洞口、暖气槽和壁龛的开口部分工程量并入相应面层内。此时块料面层、木地板等强调实铺面层，计算时往往容易把门窗洞口的所铺地面漏算。所以要根据工程所在地的标准认真对待不同情况下的计算。

24. 全国统一装饰工程消耗量定额对楼地面工程有哪些规定？

答：（1）同一铺贴面上有不同种类、材质的材料，应分别按本章相应子目执行。

（2）扶手、栏杆、栏板适用于楼梯、走廊、回廊及其他装饰性栏杆、栏板。

（3）零星项目面层适用于楼梯侧面、台阶的牵边，小便池、蹲台、池槽，以及面积在 1m² 以内且定额未列项目的工程。

（4）木地板填充材料，按照《全国统一建筑工程基础定额》相应子目执行。

（5）大理石、花岗石楼地面拼花按成品考虑。

（6）镶拼面积小于 0.015m² 的时才执行点缀定额。

111

25. 如何计算地面垫层定额工程量?

答:地面垫层按主墙间净面积乘以设计厚度以立方米（m³）计算,应扣除凸出地面的构筑物、设备基础、室内铁道、地沟等所占体积,不扣除柱、垛、间壁墙、附墙烟囱及面积在 0.3m² 以内孔洞所占体积,但门洞、空圈、暖气包槽、壁龛的开口部分亦不增加。

26. 如何计算找平层定额工程量?

答:均按主墙间净空面积以平方米（m²）计算,应扣除凸出地面建筑物、设备基础、地沟等所占面积,不扣除柱、垛、间壁墙、附墙烟囱及面积在 0.3m² 以内孔洞所占面积,但门洞、空圈、暖气包槽、壁龛的开口部分亦不增加。

27. 如何计算楼地面装饰面积定额工程量?

答:楼地面装饰面积按饰面的净面积计算,不扣除 0.1m² 以内的孔洞所占面积。拼花部分按实贴面积计算。

28. 扶手、栏杆、栏板适用于什么情况?零星项目面层适用于什么情况?

答:扶手、栏杆、栏板适用于楼梯、走廊、回廊及其他装饰性栏杆、栏板。

零星项目面层适用于楼梯侧面、台阶的牵边,小便池、蹲台、池槽,以及面积在 1m² 以内且定额未列项目的工程。

29. 如何计算楼梯装饰面层工程量?

答:楼梯面积（包括踏步、休息平台,以及小于 50mm 宽的楼梯井）按水平投影面积计算。

30. 如何计算台阶面层工程量?

答:台阶面层（包括踏步及最上一层踏步边沿加 300mm）

按水平投影面积计算。

31. 如何计算踢脚线工程量？

答：踢脚线按实贴长乘高以平方米（m²）计算，成品踢脚线按实贴延长米（m）计算。楼梯踢脚线按相应定额乘以1.15系数。

32. 如何计算点缀工程量？

答：点缀按个计算，计算主体铺贴地面面积时，不扣除点缀所占面积。

33. 如何计算零星项目工程量？

答：零星项目按实铺面积计算。

34. 如何计算栏杆、栏板、扶手工程量？

答：栏杆、栏板、扶手均按其中心线长度以延长米（m）计算，计算扶手时不扣除弯头所占长度。

35. 如何计算弯头工程量？

答：弯头按个计算。

36. 石材底面刷养护液如何计算？

答：石材底面刷养护液按底面面积加4个侧面面积，以平方米（m²）计算。

【例3-5】 某建筑物平面如图3-1所示，其地面做法如下：

① 80mm厚C10混凝土垫层；

② 素水泥砂浆结合层一遍；

③ 20mm厚1∶2水泥砂浆抹面压光。

试计算该地面工程量。

分析：根据地面做法，可列为两项：80mm厚C10混凝土垫层、20mm厚1∶2水泥砂浆整体面层。根据工程量计算规则，

113

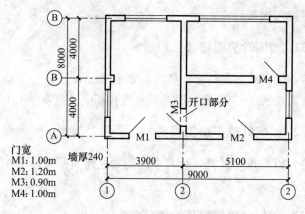

图 3-1 某建筑平面图

垫层按体积计算，整体面积按净面积计算，其计算式如下：

$$垫层体积 = 室内净面积 \times 垫层厚度$$

整体面层按室内净面积，即垫层面积。

$$室内净面积 = 建筑面积 - 墙结构面积$$

【解】 ① 整体面层面积=(9+0.24)×(8+0.24)−[(9+8) ×2+8−0.24+5.1−0.24]×0.24=64.95(m²)

② 垫层体积=64.95 × 0.08=5.2 （m³）

【例 3-6】 如图 3-2 所示，设计为水泥砂浆面层，建筑物 5 层，楼梯不上屋面，梯井宽度 200mm。计算楼梯面层工程量。

分析：楼梯面层工程量按水平投影面积计算，200mm 宽的楼梯井不需要扣除。由于楼梯不上屋面，因而只需要计算 4 层面积。

【解】 $S=(2.4-0.24)\times(0.24+2.08+1.5-0.12)$
$\times(5-1)=31.97(m^2)$

【例 3-7】 某房屋平面如图 3-3 所示，试计算其花岗石地面面层工程量。

分析：花岗石地面为块料地面，其工程量应按饰面的净面积计算，其工程量按图示尺寸实铺面积计算，门洞、空圈、暖气包槽、壁龛的开口部分的工程量，应并入相应的面层内计算。

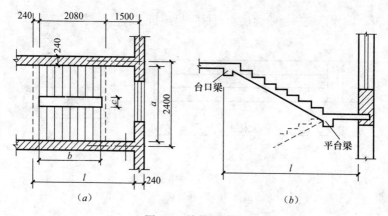

图 3-2 楼梯设计图

(a) 平面；(b) 剖面

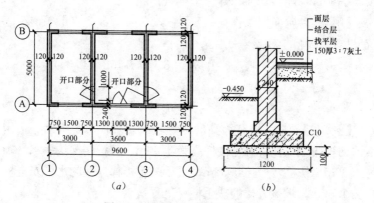

图 3-3 某房屋平面及基础剖面图

(a) 平面图；(b) 基础剖面图

花岗石地面面层＝主墙间净空面积＋门洞等开口部分面积

【解】 花岗石地面面层＝[(3−0.24)×(5−0.24)×2＋(3.6−0.24)×(5−0.24)]＋1×0.24×3＝42.99(m²)

【例 3-8】 某工程方正石台阶，尺寸如图 3-4 所示，方正石台阶下面做 C15 混凝土垫层，现场搅拌混凝土，上面铺砌 800mm × 320mm × 150mm 芝麻白方正石块，翼墙部位 1∶3 水泥砂浆找平层 20mm 厚，1∶2.5 水泥砂浆贴 300mm × 300mm 芝麻白花岗石板。试计算块料台阶面层和石材零星项目工程量。

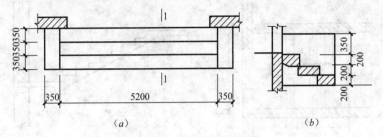

图 3-4　方正石台阶示意图

(a) 方正石台阶平面图；(b) 1-1 剖面图

分析：台阶面层工程量按水平投影面积计算，而翼墙工程量按零星项目，即实铺面积计算工程量。

【解】 台阶面层工程量 $= 5.2 \times 0.35 \times 3 = 5.46$（m²）

石材零星项目工程量 $= 0.35 \times 3 \times (0.2 \times 3 + 0.35) \times 2$

$+ (0.35 \times 3 + 0.2 \times 3 + 0.35)$

$\times 0.35 \times 2 + 0.35 \times 3 \times (0.2 + 0.35)$

$\times 2 = 4.56$（m²）

【例 3-9】 某大楼有等高的 8 跑楼梯，如图 3-5 所示，采用不锈钢管扶手栏杆，每跑楼梯高为 2.00m，每跑楼梯扶手水平长为 4.00m，扶手转弯长 0.30m，最后一跑楼梯连接的水平安全栏杆长 1.60m。求该大楼的扶手栏杆工程量。

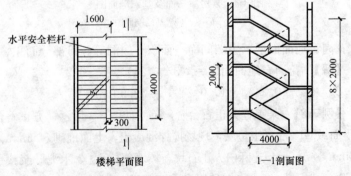

图 3-5　某大楼楼梯扶手示意图

分析：栏杆扶手包括弯头长度按延长米计算，注意不要遗漏顶层水平段长度。

【解】 不锈钢栏杆扶手 $= (2^2 + 4^2)^{0.5} \times 8 + 0.3 \times 7 + 1.6$

$$= 39.476(\text{m})$$

37. 全国统一装饰工程消耗量定额对墙柱面工程有哪些规定？

答：（1）定额凡注明砂浆种类、配合比、饰面材料及型材的型号规格与设计不同时，可按设计规定调整，但人工、机械消耗量不变。

（2）抹灰砂浆厚度，如设计与定额取定不同时，除定额有注明厚度的项目可以换算外，其他一律不作调整（见表3-1）。

抹灰砂浆定额厚度取定表   表 3-1

定额编号	项　目		砂　浆	厚度（mm）
2-001	水刷豆石	砖、混凝土墙面	水泥砂浆 1:3	12
			水泥豆石浆 1:1.25	12
2-002		毛石墙面	水泥砂浆 1:3	18
			水泥豆石浆 1:1.25	12
2-005	水刷白石子	砖、混凝土墙面	水泥砂浆 1:3	12
			水泥白石子浆 1:1.5	10
2-006		毛石墙面	水泥砂浆 1:3	20
			水泥白石子浆 1:1.5	10
2-009	水刷玻璃碴	砖、混凝土墙面	水泥砂浆 1:3	12
			水刷玻璃碴浆 1:1.25	12
2-010		毛石墙面	水泥砂浆 1:3	18
			水刷玻璃碴浆 1:1.25	12
2-013	干粘白石子	砖、混凝土墙面	水泥砂浆 1:3	18
2-014		毛石墙面	水泥砂浆 1:3	30
2-017	干粘玻璃碴	砖、混凝土墙面	水泥砂浆 1:3	18
2-018		毛石墙面	水泥砂浆 1:3	30
2-021	斩假石	砖、混凝土墙面	水泥砂浆 1:3	12
			水泥白石子浆 1:1.5	10
2-022		毛石墙面	水泥砂浆 1:3	18
			水泥白石子浆 1:1.5	10

定额编号	项目		砂浆	厚度（mm）
2-025	墙、柱面拉条	砖墙面	混合砂浆 1：0.5：2	14
			混合砂浆 1：0.5：1	10
2-026		混凝土墙面	水泥砂浆 1：3	14
			混合砂浆 1：0.5：1	10
2-027	墙、柱面甩毛	砖墙面	混合砂浆 1：1：6	12
			混合砂浆 1：1：4	6
2-028		混凝土墙面	水泥砂浆 1：3	10
			混合砂浆 1：2.5	6

注：1. 每增减一遍素水泥浆或 108 胶素水泥浆，每平方米增减人工 0.01 工日，素水泥浆或 108 胶素水泥浆 0.0012m³。

2. 每增减 1mm 厚砂浆，每平方米增减砂浆 0.0012m³。

（3）圆弧形、锯齿形等不规则墙面抹灰、镶贴块料按相应项目人工乘以系数 1.15，材料乘以系数 1.05。

（4）离缝镶贴面砖定额子目，面砖消耗量分别按缝宽 5mm、10mm 和 20mm 考虑，如灰缝不同或灰缝超过 20mm 以上者，其块料及灰缝材料（水泥砂浆 1：1）用量允许调整，其他不变。

（5）镶贴块料和装饰抹灰的"零星项目"适用于挑檐、天沟、腰线、窗台线、门窗套、压顶、扶手、雨篷周边等。

（6）木龙骨基层是按双向计算的，如设计为单向时，材料、人工用量乘以系数 0.55。

（7）定额木材种类除注明者外，均以一、二类木种为准，如采用三、四类木种时，人工及机械乘以系数 1.3。

（8）面层 、隔墙（间壁）、隔断（护壁）定额内，除注明者外均未包括压条、收边、装饰线（板），如设计要求时，应按其他工程的相应子目执行。

（9）面层、木基层均未包括刷防火涂料，如设计要求时，另按相应定额计算。

（10）玻璃幕墙设计有平开、推拉窗者，仍执行幕墙定额，窗型材、窗五金相应增加，其他不变。

（11）玻璃幕墙中的玻璃按成品玻璃考虑，幕墙中的避雷装置、防火隔离层定额已综合，但幕墙的封边、封顶的费用另行计算。

（12）隔墙（间壁）、隔断（护壁）、幕墙等定额中龙骨间距、规格如与设计不同时，定额用量允许调整。

38. 如何计算外墙面装饰抹灰工程量？

答：外墙面装饰抹灰面积，按垂直投影面积计算，扣除门窗洞口和 $0.3m^2$ 以上的孔洞所占的面积，门窗洞口及孔洞侧壁面积亦不增加。附墙柱侧面抹灰面积并入外墙抹灰面积工程量内。

39. 柱抹灰工程量如何计算？

答：柱抹灰按结构断面周长乘高计算。

40. 女儿墙抹灰如何计算？

答：女儿墙（包括泛水、挑砖）、阳台栏板（不扣除花格所占孔洞面积）内侧抹灰按垂直投影面积乘以系数 1.10，带压顶者乘系数 1.30 按墙面定额执行。

41. 挑檐、天沟、腰线、窗台线、门窗套、压顶、扶手、雨篷周边等如何计算抹灰工程量？

答：按设计图示尺寸以展开面积计算。

42. 墙面贴块料面层如何计算工程量？

答：墙面贴块料面层，按实贴面积计算。

墙面贴块料、饰面高度在 300mm 以内者，按踢脚板定额执行。

43. 柱饰面如何计算工程量？

答：柱饰面面积按外围饰面尺寸乘以高度计算。

44. 柱墩、柱帽如何计算工程量?

答：挂贴大理石、花岗石中其他零星项目的花岗石、大理石是按成品考虑的，花岗石、大理石柱墩、柱帽按最大外径周长计算。

除定额已列有柱帽、柱墩的项目外，其他项目的柱帽、柱墩工程量按设计图示尺寸以展开面积计算，并入相应柱面积内，每个柱帽或柱墩另增人工：抹灰 0.25 工日，块料 0.38 工日，饰面 0.5 工日。

45. 隔断如何计算工程量?

答：按隔断墙的净长乘净高计算，扣除门窗洞口及 $0.3m^2$ 以上的孔洞所占面积。

全玻隔断的不锈钢边框工程量按边框展开面积计算。

全玻隔断、全玻幕墙如有加强肋者，工程量按其展开面积计算；玻璃幕墙、铝板幕墙以框外围面积计算。

46. 装饰抹灰分格、嵌缝工程量如何计算?

答：装饰抹灰分格、嵌缝按装饰抹灰面面积计算。

47. 如何计算木装修定额工程量?

答：木装饰龙骨、衬板、面层及粘贴切片板按净面积计算，并扣除门、窗洞口及 $0.3m^2$ 以上的孔洞所占的面积，附墙垛及门、窗侧壁并入墙面工程量内计算。

柱、梁按展开宽度乘以净长计算。

【例 3-10】 如图 3-6 所示一大型影剧院，为达到一定的听觉效果，墙体设计为锯齿形，外墙干挂石材，且要求密封。试计算其外墙装饰工程量。

分析：根据外墙干挂石材种类，应列芝麻白大理石外墙面和印度红花岗石外墙裙两个子目。计算时应注意按块料实贴面积计

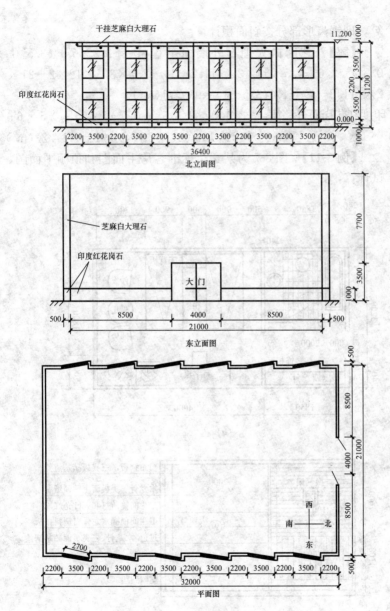

干挂芝麻白大理石

印度红花岗石

11.200

北立面图

芝麻白大理石

印度红花岗石

大门

东立面图

西
南　北
东

2700

平面图

图 3-6　某大型影剧院

算，即锯齿形部分按斜面积计算。

【解】 芝麻白大理石外墙面工程量=$[2.2 \times 7+(3.5^2+0.5^2)^{0.5} \times 6+0.5 \times 6] \times 2 \times (11.2-1)-2.7 \times 3.5 \times 12 \times 2+21 \times 2 \times (11.2-1)-4 \times (3.5-1)=999.71(m^2)$

印度红花岗石外墙裙=$[2.2 \times 7+(3.5^2+0.5^2)^{0.5} \times 6+0.5 \times 6]$
$$\times 2 \times 1+(21 \times 2-4) \times 1=117.23(m^2)$$

【例3-11】 图3-7为某宾馆标准客房平面图和顶棚平面图，试计算：

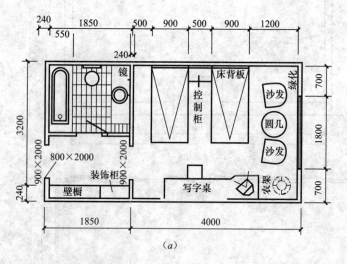

(a)

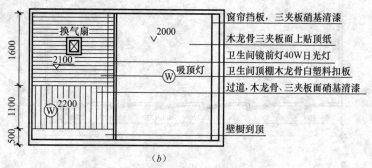

(b)

图3-7 某宾馆标准客房

(a) 单间客房平面图；(b) 单间客房顶棚图

说明：1. 图中陈设及其他构件均不做。

2. 地面。卫生间为 300mm×300mm 防滑地砖；过道、房间为水泥砂浆抹平，1：3 厚 20mm，满铺地毯（单层）。

3. 墙面。卫生间贴 200mm×280mm 印花面砖；过道、房间贴装饰墙纸；硬木踢脚板高 150mm×20mm，硝基清漆。

4. 铝合金推拉窗 1800mm×1800mm，90 系列 1.5mm 厚铝型材；浴缸高 400mm；内外墙厚均 240mm；窗台高 900mm。

① 卫生间墙面贴 200mm×280mm 瓷板的工程量（浴缸高 400mm）。

② 设标准客房内做 1100mm 高的内墙裙，墙裙做法为：木龙骨基层，5mm 夹板衬板，其上粘贴铝塑板面。窗台高 900mm，走道橱柜同时装修，侧面不再做墙裙。门窗、空圈单独做门窗套。试计算内墙裙工程量。

分析：① 块料面层应按实铺面积计算，注意扣除浴缸和门所占面积。

② 墙裙应分列 3 项，即木龙骨、衬板、面层三项，但它们的工程量是一样的，都是按照实铺面积计算。

【解】 ① 卫生间面砖工程量＝(1.6－0.12＋1.85)×2×2.1－0.8×2－0.55×2×0.4＝11.95(m²)

② 内墙裙骨架、衬板及面层工程量＝[(1.85－0.8)＋(1.1－0.12－0.9)×2]×1.1＋[(4－0.12＋3.2)×2－0.9]×1.1－1.8×(1.1－0.9)＝15.56(m²)

48. 如何计算玻璃幕墙定额工程量？

答：以框外围面积计算。幕墙与建筑顶端、两端的封边按图示尺寸以平方米（m²）计算，自然层的水平隔离与建筑物的连接按延长米（m）计算（连接层包括上、下镀锌钢板在内）。

49. 玻璃幕墙要计算哪些项目？含量如何调整？

答：一般的玻璃幕墙要算 3 个项目，包括幕墙，幕墙与自然楼层的连接，幕墙与建筑物的顶端、侧面封边。

铝合金幕墙龙骨含量、装饰板的品种设计要求与定额不同时应调整，但人工、机械不变。铝合金骨架型材应按下式调整

每 $10m^2$ 骨架含量＝单位工程幕墙竖筋、横筋设计长度之和（横筋长按竖筋中心到中心的距离计算)/单位幕墙面积× $10m^2$ ×1.07。

50. 全国统一装饰工程消耗量定额对天棚工程有哪些规定？

答：(1) 定额中除部分项目为龙骨、基层、面层合并列项外，其余均为天棚龙骨、基层、面层分别列项编制。

(2) 定额中龙骨的种类、间距、规格和基层、面层材料的型号、规格是按常用材料和常用做法考虑的，如设计要求不同时，材料可以调整，但人工、机械不变。

(3) 天棚面层在同一标高者为平面天棚，天棚面层不在同一标高者为跌级天棚（跌级天棚其面层人工乘系数 1.1）。

(4) 轻钢龙骨、铝合金龙骨定额中为双层结构（即中、小龙骨紧贴大龙骨底面吊挂），如为单层结构时（大、中龙骨底面在同一水平上），人工乘 0.85 系数。

(5) 定额中平面天棚和跌级天棚指一般直线形天棚，不包括灯光槽的制作安装。灯光槽制作安装应按其他子目执行。

(6) 龙骨架、基层、面层的防火处理，应执行油漆定额。

(7) 天棚检查孔的工料已包括在定额项目内，不另计算。

51. 如何计算天棚龙骨工程量？

答：各种吊顶天棚龙骨按主墙间净空面积计算，不扣除间壁墙、检查洞、附墙烟囱、柱、垛和管道所占面积。

52. 如何计算天棚基层工程量？

答：天棚基层按展开面积计算。

53. 如何计算天棚装饰面层工程量？

答：天棚装饰面层，按主墙间实钉（胶）面积以平方米（m²）计算，不扣除间壁墙、检查口、附墙烟囱、垛和管道所占面积，但应扣除 0.3m² 以上的孔洞、独立柱、灯槽及与天棚相连的窗帘盒所占的面积。

54. 如何计算楼梯底面的装饰工程量？

答：板式楼梯底面的装饰工程量按水平投影面积乘 1.15 系数计算，梁式楼梯底面按展开面积计算。

55. 如何计算灯光槽和嵌缝工程量？

答：灯光槽按延长米计算。嵌缝按延长米计算。

【例 3-12】 某办公室吊顶平面如图 3-8 所示。试计算其吊顶工程量。

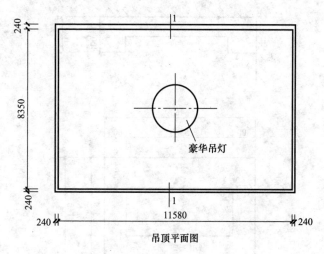

吊顶平面图

图 3-8 某办公室天棚（一）

125

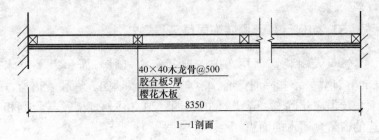

40×40木龙骨@500
胶合板5厚
樱花木板

8350

1—1剖面

图 3-8　某办公室天棚（二）

分析：该办公室为木龙骨、胶合板基层、樱花木板面层，应列三项。木龙骨如刷防火涂料，应根据油漆、涂料、裱糊工程相应项目列项。

【解】　木龙骨＝8.35×11.58＝96.69（m²）

胶合板＝8.35×11.58＝96.69（m²）

樱桃木板＝8.35×11.58＝96.69（m²）

【例 3-13】　某工程为一套三室一厅商品房，其客厅为不上人型轻钢龙骨石膏板吊顶，如图 3-9 所示。

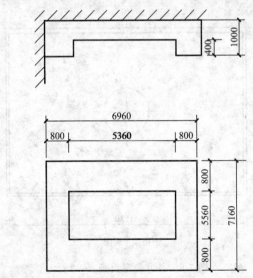

图 3-9　某工程不上人型轻钢龙骨石膏板吊顶平面及剖面图

分析：依据其吊顶做法，应列为两项，即轻钢龙骨和石膏板面层两项，所粘贴的墙纸和织锦缎应依据油漆、涂料、裱糊工程相应项目列项。

【解】 轻钢龙骨＝6.96×7.16＝49.83(m²)

石膏板面层＝6.96×7.16＋(5.36+5.56)×2×0.4＝58.57(m²)

【例3-14】 某钢筋混凝土天棚如图3-10所示。已知板厚100mm。试计算其天棚抹灰工程量。

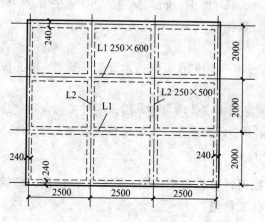

图 3-10 某有梁天棚示意图

分析：天棚抹灰面积按主墙间的净面积计算，不扣除间壁墙、垛、柱、附墙烟囱等所占面积。带梁天棚两侧的抹灰面积，并入天棚抹灰工程量内计算。

【解】 主墙间净面积＝(2.5×3−0.24)×(2×3−0.24)

$$＝41.82(m²)$$

L1 的侧面抹灰面积＝[(2.5−0.12−0.125)×2+(2.5−0.125×2)]

$$×(0.6−0.1)×2×2＝13.52(m²)$$

L2 的侧面抹灰面积＝[(2−0.12−0.125)×2+(2−0.125×2)]

$$×(0.5−0.1)×2×2＝8.42(m²)$$

天棚抹灰工程量＝主墙间净面积＋L1、L2 的侧面抹灰面积

$$=41.82+13.52+8.42=63.76(m^2)$$

56. 全国统一装饰工程消耗量定额对门窗工程有哪些规定？

答：（1）铝合金门窗制作、安装项目不分现场或施工企业附属加工厂制作，均执行本定额。

（2）铝合金地弹门制作型材（框料）按 101.6mm×44.5mm、厚 1.5mm 方管制定，单扇平开门、双扇平开窗按 38 系列制定，推拉窗按 90 系列（厚 1.5mm）制定。如实际采用的型材断面及厚度与定额取定规格不符者，可按图示尺寸乘以线密度加 6% 的施工损耗计算型材重量。

（3）装饰板门扇制作安装按木骨架、基层、饰面板面层分别计算。

（4）成品门窗安装项目中，门窗附件按包含在成品门窗单价内考虑；铝合金门窗制作、安装项目中未含五金配件，五金配件按附表选用。

57. 如何计算铝合金门窗、彩板组角门窗、塑钢门窗安装工程量？

答：铝合金门窗、彩板组角门窗、塑钢门窗安装均按洞口面积以平方米（m²）计算。纱扇制作安装按扇外转面积计算。

58. 如何计算卷闸门安装工程量？

答：卷闸门安装按其安装高度乘以门的实际宽度以平方米（m²）计算。安装高度算至滚筒顶点为准。带卷筒罩的按展开面积增加。电动装置安装以套计算，小门安装以个计算，小门面积不扣除。

59. 如何计算防盗门、防盗窗、不锈钢格栅门工程量？

答：防盗门、防盗窗、不锈钢格栅门按框外围面积以平方米（m²）计算。

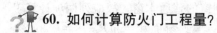

60. 如何计算防火门工程量？

答：成品防火门以框外围面积计算，防火卷帘门从地（楼）面算至端板顶点乘设计宽度。

61. 如何计算实木门工程量？

答：实木门框制作安装以延长米（m）计算。实木门扇制作安装及装饰门扇制作按扇外围面积计算。装饰门扇及成品门扇安装按扇计算。

62. 如何计算木门扇皮制隔声面层和装饰板隔声面层工程量？

答：木门扇皮制隔声面层和装饰板隔声面层，按单面面积计算。

63. 如何计算不锈钢板包门框、门窗套、花岗石门套、门窗筒子板工程量？

答：不锈钢板包门框、门窗套、花岗石门套、门窗筒子板按展开面积计算。

64. 如何计算门窗贴脸、窗帘盒、窗帘轨工程量？

答：门窗贴脸、窗帘盒、窗帘轨按延长米（m）计算。

65. 如何计算窗台板工程量？

答：窗台板按实铺面积计算。

66. 如何计算电子感应门、转门、不锈钢电动伸缩门工程量？

答：电子感应门及转门按定额尺寸以樘计算。不锈钢电动伸缩门以樘计算。

【例 3-15】 某建筑物设计如图 3-11 所示外形的木窗 8 樘，尺寸如图中所示。试计算该木窗工程量。

分析：该木窗为带有半圆窗的普通木窗，故应列两项计算工程量，即半圆窗和普通木窗。半圆窗面积$=nD^2÷8=0.393×D^2$，D为半圆窗直径，也是普通矩形窗宽度。

【解】 半圆窗工程量$=0.393×1.5^2×8=7.07$（m²）

矩形木窗工程量$=1.5×1.45×8=17.4$（m²）

【例3-16】 某工程制作、安装木门扇隔声面层门5樘（材料：皮制面层，海绵厚40mm，胶合板厚5mm，外贴红榉板），如图3-12所示。试计算木门工程量。

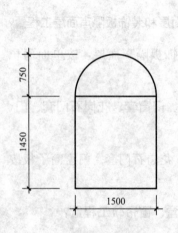

图3-11 普通窗上部带半圆窗

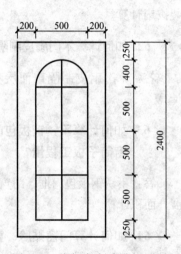

图3-12 木门窗皮质隔声面层门

分析：依据该门的做法，应列3项进行工程量的计算，即木门制作安装、木门单面包皮革面、胶合板门门扇外贴红榉板。

【解】 木门制作安装工程量$=0.9×2.4×5=10.8$（m²）

木门单面包皮革面工程量$=0.9×2.4×5=10.8$（m²）

胶合板门扇外贴红榉板工程量$=0.9×2.4×5=10.8$（m²）

67. 全国统一装饰工程消耗量定额对油漆工程有哪些规定？

答：（1）刷涂、刷油采用手工操作；喷塑、喷涂采用机械操作。操作方法不同时，不予调整。

（2）油漆浅、中、深各种颜色，已综合在定额内，颜色不同，不另调整。

（3）在同一平面下的分色及门窗内外分色已综合考虑。如需做美术图案者，另行计算。

（4）定额内规定的喷、涂、刷遍数与设计要求不同时，可按每增加一遍定额项目进行调整。

（5）喷塑（一塑三油）、底油、装饰漆、面油，其规格划分如下：

1）大压花：喷点压平、点面积在 1.2cm² 以上。

2）中压花：喷点压平、点面积在 1～1.2cm² 以内。

3）喷中点、幼点：喷点面积在 1cm² 以下。

（6）定额中的双层木门窗（单裁口）是指双层框扇。三层二玻一纱窗是指双层框三层扇。

（7）定额中的单层木门刷油是按双面刷油考虑的，如采用单面刷油，其定额含量乘以 0.49 系数计算。

（8）定额中的木扶手油漆为不带托板考虑。

68. 楼地面、天棚、墙、柱、梁面的喷（刷）涂料、抹灰面油漆及裱糊工程如何计算工程量？

答：楼地面、天棚、墙、柱、梁面的喷（刷）涂料、抹灰面油漆及裱糊工程，均按表 3-2 相应的计算规则计算。

抹灰面油漆、涂料、裱糊 表 3-2

项目名称	系　　数	工程量计算方法
混凝土楼梯底（板式）	1.15	水平投影面积
混凝土楼梯底（梁式）	1.00	展开面积
混凝土花格窗、栏杆花饰	1.82	单面外围面积
楼地面、天棚、墙、柱、梁面	1.00	展开面积

69. 木材面油漆的工程量如何计算？

答：木材面的油漆工程量分别按表 3-3 相应的计算规则计算。

木材面油漆　　　　　　　表 3-3

项目名称	系　数	工程量计算方法
执行木门定额工程量系数表		
单层木门	1.00	按单面洞口面积计算
双层（一玻一纱）木门	1.36	
双层（单裁口）木门	2.00	
单层全玻门	0.83	
木百叶门	1.25	
执行木窗定额工程量系数表		
单层玻璃窗	1.00	按单面洞口面积计算
双层（一玻一纱）木窗	1.36	
双层框扇（单裁口）木窗	2.00	
双层框三层（二玻一纱）木窗	2.60	
单层组合窗	0.83	
双层组合窗	1.13	
木百叶窗	1.50	
执行木扶手定额工程量系数表		
木扶手（不带托板）	1.00	按延长米计算
木扶手（带托板）	2.60	
窗帘盒	2.04	
封檐板、顺水板	1.74	
挂衣板、黑板框、单独木线条 100mm 以外	0.52	
挂镜线、窗帘棍、单独木线条 100mm 以内	0.35	
执行其他木材面定额工程量系数表		
木板、纤维板、胶合板顶棚	1.00	长×宽
木护墙、木墙裙	1.00	
窗台板、筒子板、盖板、门窗套、踢脚线	1.00	
清水板条天棚、檐口	1.07	
木方格吊顶顶棚	1.20	
吸音板墙面、顶棚面	0.87	
暖气罩	1.28	
木间壁、木隔断	1.90	单面外围面积
玻璃间壁露明墙筋	1.65	
木栅栏、木栏杆（带扶手）	1.82	

132

项目名称	系 数	工程量计算方法
衣柜、壁柜	1.00	按实刷展开面积
零星木装修	1.10	展开面积
梁柱饰面	1.00	展开面积

70. 金属构件油漆的工程量如何计算？

答：金属构件油漆的工程量按构件重量计算。

71. 定额中的隔墙、护壁、柱、天棚木龙骨及木地板中木龙骨带毛地板，刷防火涂料如何计算工程量？

答：隔墙、护壁木龙骨按其面层正立面投影面积计算。

柱木龙骨按其面层外围面积计算。

顶棚木龙骨按其水平投影面积计算。

木地板中木龙骨及木龙骨带毛地板按地板面积计算。

隔墙、护壁、柱、顶棚面层及木地板刷防火涂料，执行其他木材面刷防火涂料相应子目。

72. 木楼梯（不包括底面）油漆如何计算？

答：木楼梯（不包括底面）油漆，按水平投影面积乘以 2.3 系数，执行木地板相应子目。

73. 定额对装饰线有哪些规定？

答：（1）木装饰线、石膏装饰线均以成品安装为准。

（2）石材装饰线条均以成品安装为准。石材装饰线条磨边、磨圆角均包括在成品的单价中，不再另计。

（3）装饰线条以墙面上直线安装为准，如顶棚安装直线形、圆弧形或其他图案者，按以下规定计算：

1）顶棚面安装直线装饰线条人工乘以 1.34 系数。

2）顶棚面安装圆弧装饰线条人工乘 1.6 系数，材料乘 1.1

系数。

3）墙面安装圆弧装饰线条人工乘 1.2 系数，材料乘 1.1 系数。

4）装饰线条做艺术图案者，人工乘以 1.8 系数，材料乘 1.1 系数。

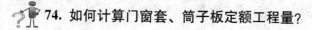**74. 如何计算门窗套、筒子板定额工程量？**

答：门窗套、筒子板按面层展开面积计算。

【例 3-17】 如图 3-13 所示单间客房卫生间内大理石洗漱台，同种材料挡板、吊沿，车边镜面玻璃及毛巾架等配件。尺寸如下：大理石台板 1400mm×500mm×20mm，挡板宽度 120mm，吊沿 180mm，开单孔；台板磨半圆边；玻璃镜 1400mm（宽）×1120mm（高），不带框；毛巾架为不锈钢架，1 只/间。试计算 15 个标准间客房卫生间上述配件的工程量。

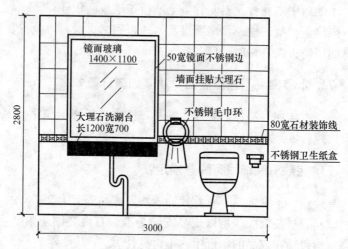

图 3-13 某卫生间示意图

分析：依据该客房卫生间装饰做法，应列 3 项，即大理石洗漱台、镜面玻璃和不锈钢毛巾架三项。大理石洗漱台应按台面投影面积计算（不扣除孔洞面积）。但挡板和吊沿应并入台面面积。

134

镜面玻璃应按其立面面积计算。毛巾架按数量以"付"计算。

【解】 大理石洗漱台工程量=[1.4×0.5+(1.4+0.5

×2)×0.12+1.4×0.18]×15=18.60(m²)

镜面玻璃工程量=1.4×1.12×15=23.52（m²）

毛巾架=15（付）

75. 装饰装修脚手架都包括哪些？

答：装饰装修脚手架包括满堂脚手架、外脚手架、内墙面粉饰脚手架、安全过道、封闭式安全笆、斜挑式安全笆、满挂安全网。吊篮架由各省、市根据当地实际情况编制。

76. 项目成品保护费包括哪些项目？

答：项目成品保护费包括楼地面、楼梯、台阶、独立柱、内墙面饰面面层等项目。

77. 如何计算满堂脚手架？

答：满堂脚手架，按实际搭设的水平投影面积计算，不扣除附墙柱所占的面积，其基本层高以 3.6m 以上至 5.2m 为准。凡超过 3.6m、在 5.2m 以内的天棚抹灰及装饰装修，应计算满堂脚手架基本层；层高超过 5.2m，每增加 1.2m 计算一个增加层，增加层的层数＝（层高－5.2m）=1.2m，按四舍五入取整数。尾数超过 0.6m 时，按一个增加层计算。以算式表示为：

$$满堂脚手架增加层 = \frac{室内净高度 - 5.2m}{1.2m} = 增加层$$

室内凡计算了满堂脚手架者，其内墙面粉饰不再计算粉饰架，只按每100m² 墙面垂直投影面积增加改架工 1.28 工日。例如，若建筑物室内净高分别为下列情况时，满堂脚手架计算如下：

净高 4.0m：仅计算基本层；

净高 6.0m：6.0m－5.2m＝0.8m＞0.6m，计算基本层及 1

135

个增加层；

净高 8.0m：8.0m－5.2m＝2×1.2m＋尾数 0.4m，计算基本层及 2 个增加层。

78. 如何计算"装饰装修外脚手架"工程量？

答：装饰装修外脚手架按外墙外边线乘墙高以平方米（m²）计算，不扣除门窗洞口的面积。同一建筑物各面墙的高度不同，且不在同一高度范围内时，应分别计算工程量。建筑物的檐口高度指建筑物设计室外地坪至外墙顶点或构筑物顶面的高度。

利用主体外脚手架改变其步高作外墙面装饰架时，按每100m² 外墙面垂直投影面积，增加改架工 1.28 工日；独立柱按柱周长增加 3.6m 乘柱高，套用装饰装修外脚手架相应高度的定额。

79. 如何计算内墙面粉饰脚手架？

答：内墙面粉饰脚手架，均按内墙面垂直投影面积计算。

80. 如何计算安全过道工程量？

答：安全过道按实际搭设的水平投影面积（架宽×架长）计算。

81. 如何计算封闭式安全笆工程量？

答：封闭式安全笆按实际封闭的垂直投影面积计算。实际用封闭材料与定额不符时，不作调整。

82. 如何计算斜挑式安全笆工程量？

答：斜挑式安全笆按实际搭设的（长×宽）斜面面积计算。

83. 如何计算满挂安全网工程量？

答：满挂安全网按实际满挂的垂直投影面积计算。

84. 全国统一装饰工程消耗量定额对垂直运输费有哪些规定?

答:(1)定额不包括特大型机械进出场及安拆费。

(2)垂直运输高度,设计室外地坪以上部分指室外地坪至相应楼面的高度。设计室外地坪以下部分指室外地坪至相应地(楼)面的高度。

(3)檐口高度 3.6m 以内的单层建筑物,不计算垂直运输机械费。

(4)带一层地下室的建筑物,若地下室垂直运输高度小于 3.6m,则地下层不计算垂直运输机械费。

(5)再次装饰装修利用电梯进行垂直运输或通过楼梯人力进行垂直运输的按实际计算。

85. 全国统一装饰工程消耗量定额对超高增加费有哪些规定?

答:(1)定额适用于建筑物檐高 20m 以上的工程。

(2)檐高是指设计室外地坪至檐口的高度。凸出主体建筑屋顶的电梯间、水箱间等不计入檐高之内。

86. 如何计算装饰装修垂直运输工程量?

答:装饰装修楼面(包括楼层所有装饰装修工程量)区别不同垂直运输高度(单层建筑物系檐口高度)按定额工日分别计算。

地下层超过二层或层高超过 3.6m 时,计取垂直运输费,其工程量按地下层全面积计算。

87. 如何计算装饰装修超高增加费工程量?

答:装饰装修楼面(包括楼层所有装饰装修工程量)区别不同的垂直运输高度(单层建筑物系檐口高度)以人工费与机械费之和分别计算。

【例 3-18】 某建筑如图 3-14 所示,墙厚 240mm。

(1)试计算其一层满堂脚手架工程量。

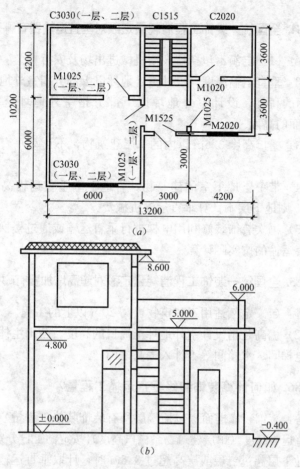

C3030（一层、二层） C1515 C2020

4200

10200

6000

M1025
（一层、二层）

M1020

M1025

M1525

M2020

C3030
（一层、二层）

M1025
（一层、二层）

3000

6000   3000   4200

13200

(*a*)

8.600

6.000

5.000

4.800

±0.000

−0.400

(*b*)

图 3-14　某建筑平、立面示意图

(*a*) 平面图；(*b*) 立面图

（2）建筑物二层的内墙粉饰脚手架工程量。

（3）建筑物的装饰外脚手架。

分析：（1）该建筑物一层满堂脚手架高度为室内地面至一层天棚底，即为 4.8m，所以按基本层计算。满堂脚手架的工程量按室内净面积计算。

（2）内墙面粉饰脚手架按内墙面垂直投影面积计算，即按内墙净长×内墙净高进行计算，注意不需扣除门窗洞口的面积。

（3）装饰装修外脚手架，按外墙的外边线乘墙高以平方米计算，注意不扣除门窗洞口所占的面积，同一建筑物高度不同时，应按不同高度分别计算。

【解】 （1）满堂脚手架工程量＝(6-0.24)×(10.2-0.24×2)+(3-0.24)×(3.6×2-0.24)+(4.2-0.24)×(3.6×2-0.24×2)＝101.81(m^2)

（2）二层内墙净长＝[(6-0.24)+(6-0.24)]×2+[(6-0.24)+(4.2-0.24)]×2＝23.04+19.44＝42.48(m)

二层内墙净高＝8.6-5＝3.6(m)

二层内墙面粉饰脚手架工程量＝42.48×3.6＝152.93 （m^2）

（3）外墙脚手架工程量＝[(13.2+10.2)×2+0.24×4)]×(4.8+0.4)+(7.2×3+0.24)×1.2+[(6+10.2)×2+0.24×4)]×(8.6-4.8)＝401.33(m^2)

第二部分　清单计价模式

88. 什么是工程量清单？工程量清单的表格形式有哪些？

答：工程量清单是指载明建设工程的分部分项工程—项目、措施项目、其他项目的名称和相应数量和税金等内容以及规费等的明细清单。工程量清单应由分部分项工程量清单、措施项目清单、其他项目清单、规费项目清单、税金项目清单组成。表格形式见表 3-4～表 3-8。

分部分项工程量清单与计价表　　　　表 3-4

工程名称：　　　　　　　　　　　　　标段：　第 页 共 页

序号	项目编码	项目名称	项目特征描述	计量单位	工程量	金额（元）		
						综合单价	合价	其中：暂估价
本页小计								
合计								

139

通用措施项目一览表　　　　　表 3-5

序　号	项目名称
1	现场安全文明施工
1.1	基本费
1.2	考评费
1.3	奖励费
2	夜间施工
3	二次搬运
4	冬雨期施工
5	大型机械设备进出场及安拆
6	施工排水
7	施工降水
8	地上、地下设施，建筑物的临时保护设施
9	已完工程及设备保护
10	临时设施
11	材料与设备检验试验
12	赶工措施
13	工程按质论价
14	特殊条件下施工增加

装饰装修工程专业措施项目一览表　　　　　表 3-6

专业类别	序　号	项目名称
装饰装修工程	2.1	脚手架
	2.2	垂直运输机械
	2.3	室内空气污染测试

其他项目清单与计价汇总表　　　　　表 3-7

工程名称：　　　　　　　　　　　　　　标段：　　第　页　共　页

序　号	项目名称	金额（元）	结算金额（元）	备　注
1	暂列金额			
2	暂估价			
2.1	材料（工程设备）暂估价		—	
2.2	专业工程暂估价			
3	计日工			
4	总承包服务费			
5	索赔与现场签证			
合　计				

规费、税金项目清单与计价表 表3-8

工程名称：　　　　　　　　　　　标段：　　　第 页 共 页

序号	项目名称	计算基础	费率（%）	金额（元）
1	规费			
1.1	社会保险费			
(1)	养老保险费			
(2)	失业保险费			
(3)	医疗保险费			
(4)	工伤保险费			
(5)	生育保险费			
1.2	住房公积金			
1.3	工程排污费			
2	税金	分部分项工程费＋措施项目费＋其他项目费＋规费		
		1.1		

89. "2013 建设工程工程量清单计价规范"的主要内容有哪些?

答："2013 建设工程工程量清单计价规范"包括正文和附录两个部分。正文包括总则、术语、一般规定、招标工程量清单、招标控制价、投标报价、合同价款约定、工程计量、合同价款调整、合同价款中期支付、竣工结算与支付、合同解除的价款结算与支付、合同价款争议的解决、工程造价签订、工程计价资料与档案、计价表格等十六章。附录包括：

附录 A：物价变化合同价款调整方法

附录 B：工程计价文件封面

附录 C：工程计价文件扉页

附录 D：工程计价总说明

附录 E：工程计价汇总表

附录 F：分部分项工程和措施项目计价表

附录 G：其他项目计价表

附录 H：规费、税金项目计价表

附录 J：工程计量申请（核准）表

附录 K：合同价款支付申请（核准）表

附录 L：主要材料、工程设备一览表

90. 什么是项目编码？

答：项目编码是指对分部分项工程量清单项目名称进行的数字标识。项目编码应采用十二位阿拉伯数字表示。一至九位应按规范附录的规定设置，十至十二位应根据拟建工程的工程量清单项目的名称设置，同一招标工程的项目编码不得有重码。

项目编码以五级编码用十二位阿拉伯数字表示。一、二、三、四级为全国统一编码；第五级编码由工程量清单编制人区分具体工程的清单项目特征而分别编码。各级编码代表的含义如下：

（1）第一级表示工程分类（附录）顺序码（分二位）：房屋建筑与装饰工程为 01、仿古建筑工程为 02、通用安装工程为 03、市政工程为 04、园林绿化工程为 05、矿山工程为 06、构筑物工程为 07、城市轨道交通工程为 08、爆破工程为 09。

（2）第二级表示专业工程（章）顺序码（分三位）。

（3）第三级表示分部工程（节）顺序码（分二位）。

（4）第四级表示分项工程名称顺序码（分三位）。

（5）第五级表示具体清单项目编码（分三位）。

以建筑工程为例，项目编码结构如图 3-15 所示。

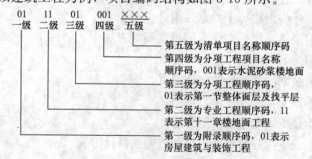

图 3-15　工程量清单编码示意图

91. 什么是项目特征？为什么要描述项目特征？

答：项目特征是指对构成工程实体的分部分项工程量清单项目和非实体的措施清单项目，反映其自身价值的特征进行的描述。

工程量清单项目特征描述的重要意义在于：

(1) 用于区分计价规范中同一清单条目下各个具体的清单项目。

(2) 是工程量清单项目综合单价准确确定的前提。

(3) 是履行合同义务、减少造价争议的基础。

92. 什么是招标工程量清单？

答：招标人依据国家标准、招标文件、设计文件以及施工现场实际情况编制的，随招标文件发布供投标报价的工程量清单，包括其说明和表格。

93. 什么是已标价工程量清单？

答：构成合同文件组成部分的投标文件中已标明价格，经算术性错误修正（如有）且承包人已确认的工程量清单，包括其说明和表格。

94. 楼地面工程中包括哪些清单项目？其适用范围是什么？

答：楼地面工程工程量清单项目共 8 节 43 个项目。包括整体面层及找平层、块料面层、橡塑面层、其他材料面层、踢脚线、楼梯面层、台阶装饰、零星装饰项目。适用于楼地面、台阶等装饰工程。

95. 楼地面工程中有关项目特征的含义是什么？

答：(1) 楼地面是指构成的基层（楼板、夯实土基）、垫层

（承受地面荷载并均匀传递给基层的构造层）、填充层（在建筑楼地面上起隔声、保温、找坡或敷设暗管、暗线等作用的构造层）、隔离层（起防水、防潮作用的构造层）、找平层（在垫层、楼板上或填充层上起找平、找坡或加强作用的构造层）、结合层（面层与下层相结合的中间层）、面层（直接承受各种荷载作用的表面层）等。

（2）垫层是指混凝土垫层、砂石人工级配垫层、天然级配砂石垫层、灰、土垫层、碎石、碎砖垫层、三合土垫层、炉渣垫层等材料垫层。

（3）找平层是指水泥砂浆找平层，有比较特殊要求的可采用细石混凝土、沥青砂浆、沥青混凝土找平层等材料铺设。

（4）隔离层是指卷材、防水砂浆、沥青砂浆或防水涂料等形成的隔离层。

（5）填充层是指轻质的松散（炉渣、膨胀蛭石、膨胀珍珠岩等）或块体材料（加气混凝土、泡沫混凝土、泡沫塑料、矿棉、膨胀珍珠岩、膨胀蛭石块和板材等）以及整体材料（沥青膨胀珍珠岩、沥青膨胀蛭石、水泥膨胀珍珠岩、膨胀蛭石等）填充层。

（6）面层是指整体面层（水泥砂浆、现浇水磨石、细石混凝土、菱苦土等面层）、块料面层（石材、陶瓷地砖、橡胶、塑料、竹、木地板）等面层。

96. 楼地面工程中对清单工程量计算规则有哪些说明？

答：（1）"不扣除间壁墙和面积在 $0.3m^2$ 以内的柱、垛、附墙烟囱及孔洞所占面积"，与"基础定额"不同。

（2）单跑楼梯不论其中间是否有休息平台，其工程量与双跑楼梯同样计算。

（3）台阶面层与平台面层是同一种材料时，平台计算面层后，台阶不再计算最上一层踏步面积；如台阶计算最上一层踏步（加 30cm），平台面层中必须扣除该面积。

（4）包括垫层的地面和不包括垫层的楼面应分别计算工程

量，分别编码（第五级编码）列项。

97. 墙、柱面工程清单项目中"镶贴块料"工程的项目特征中的"挂贴方式"和"干挂方式"指的是什么？

答：（1）挂贴方式是指对大规格的石材（大理石、花岗石、青石）使用先挂后灌浆的方式固定于墙、柱面。

（2）干挂方式主要有直接干挂法和间接干挂法两种：

1）直接干挂法是指通过不锈钢膨胀螺栓、不锈钢挂件、不锈钢连接件、不锈钢钢针等，将外墙饰面板连接在外墙墙面。

2）间接干挂法，是通过固定在墙、柱、梁上的龙骨，再通过各种挂件固定外墙饰面板。

98. 天棚工程清单项目中对项目特征有哪些说明？

答：（1）"天棚抹灰"项目基层类型是指混凝土现浇板、预制混凝土板、木板条等。

（2）龙骨类型有上人或不上人，以及平面、跌级、锯齿形、阶梯形、吊挂式、藻井式以及矩形、弧形、拱形等类型。

（3）基层材料指底板或面层背后的加强材料。

（4）龙骨中距指相邻龙骨中线之间的距离。

（5）天棚面层适用于：石膏板（包括装饰石膏板、纸面石膏板、吸声穿孔石膏板、嵌装式装饰石膏板等）、埃特板、装饰吸声罩面板（包括矿棉装饰吸声板、贴塑矿（岩）棉吸声板、膨胀珍珠岩石装饰吸声制品、玻璃棉装饰吸声板等）、塑料装饰罩面板（钙塑泡沫装饰吸声板、聚苯乙烯泡沫塑料装饰吸声板、聚氯乙烯塑料顶棚板等）、纤维水泥加压板（包括穿孔吸声石棉水泥板、轻质硅酸钙吊顶板等）、金属装饰板（包括铝合金罩面板、金属微孔吸声板、铝合金单体构件等）、木质饰板（胶合板、薄板、板条、水泥木丝板、刨花板等）、玻璃饰面（包括镜面玻璃、镭射玻璃等）。

（6）格栅吊顶面层适用于木格栅、金属格栅、塑料格栅等。

（7）吊筒吊顶适用于木（竹）质吊筒、金属吊筒、塑料吊筒以及圆形、矩形、编钟形吊筒等。

（8）灯带格栅有不锈钢格栅、铝合金格栅、玻璃类格栅等。

（9）送风口、回风口有金属、塑料、木质风口。

99. 在设置"天棚工程"的项目时应注意哪些问题？

答：（1）天棚工程工程量清单项目及计算规则共 4 节 10 个项目。包括天棚抹灰、天棚吊顶、天棚其他装饰。

（2）天棚的检查孔、天棚内的检修走道、灯槽等应包括在报价内。

（3）天棚吊顶的平面、跌级、锯齿形、阶梯形、吊挂式、藻井式以及矩形、弧形、拱形等应在清单项目中进行描述。

（4）采光天棚和天棚设置保温、隔热、吸声层时，应按"建筑工程工程量清单项目及计算规则"中防腐、隔热、保温的相关项目编码列项。

100. 门窗工程在设置清单项目时应注意什么？

答：（1）门窗工程工程量清单项目及计算规则共 10 节 55 个项目。包括木门、金属门、金属卷帘门、厂库房大门、特种门、其他门、木窗、金属窗、门窗套、窗台板、窗帘盒、窗帘轨。

（2）门窗框与洞口之间缝的填塞，应包括在报价内。

（3）实木装饰门项目也适用于竹压板装饰门。

（4）转门项目适用于电子感应和人力推动转门。

（5）"特殊五金"项目指贵重五金及业主认为单独列项的五金配件。

101. 油漆、涂料、裱糊工程在项目设置时应注意什么？

答：（1）有关项目中已包括油漆、涂料时，不再单独列项。

（2）连窗门可按门油漆项目编码列项。

（3）木扶手区别带托板与不带托板分别编码（第五级编码）

列项。

102. 哪些工程可以列在其他装饰工程工程量清单内？在项目设置时应注意什么？

答：（1）其他装饰工程工程量清单项目及计算规则共 8 节 48 个项目。包括柜类、压条、装饰线、货架、暖气罩、浴厕配件、扶手、栏杆、栏板装饰、雨篷、旗杆、招牌、灯箱、美术字等项目。适用于装饰物件的制作、安装工程。

（2）厨房壁柜和厨房吊柜以嵌入墙内的为壁柜，以支架固定在墙上的为吊柜。

（3）压条、装饰线项目已包括在门扇、墙柱面、天棚等项目内的，不再单独列项。

（4）洗漱台项目适用于石质（天然石材、人造石材等）、玻璃等。

（5）旗杆的砌砖或混凝土台座，台座的饰面可按相关附录的章节另行编码列项，也可纳入旗杆报价内。

（6）美术字不分字体，按大小规格分类。

103. 其他装饰工程在计算报价时应注意什么？

答：（1）台柜项目以"个"计算，按设计图纸或说明要求，包括台柜、台面材料（石材、皮草、金属、实木等）、内隔板材料、连接件、配件等内容，以上均应包括在报价内。

（2）洗漱台现场制作、切割、磨边等人工、机械的费用应包括在报价内。

（3）金属旗杆也可将旗杆台座及台座面层一并纳入报价内。

104. 分部分项工程量清单中的综合单价如何计取？

答：综合单价是指完成工程量清单中一个规定计量单位所需的人工费、材料费、机械使用费、管理费和利润，并考虑风险因素，是除规费和税金以外的全部费用。

它的编制依据是计价规范、设计文件、工程量清单及企业定额。特别要注意的是清单对项目内容的描述，必须按描述的内容计算，即所谓的"包括完成该项目的全部内容"。综合单价的计算应从综合单价分析表开始，见表3-9。

综合单价分析表 表 3-9

序号	项目编码	项目名称	项目内容	综合单价组成					综合单价
				人工费	材料费	机械费	管理费	利润	

🧍 105. 如何确定措施项目费?

答：措施项目清单中所列的措施项目均以"一项"提出，在计价时，首先应详细分析其所包含的全部工程内容，然后确定其综合单价。措施项目不同，其综合单价组成内容可能有差异，综合单价的组成包括完成该措施项目的人工费、材料费、机械费、管理费、利润及一定的风险。计算综合单价的方法有以下几种：

（1）定额法计价。这种方法与分部分项综合单价的计算方法一样，主要是指一些与实体有紧密联系的项目，如模板、脚手架、垂直运输等。

（2）实物量法计价。这种方法是最基本，也是最能反映投标人个别成本的计价方法，是按投标人现在的水平，预测将要发生的每一项费用的合计数，并考虑一定的浮动因素及其他社会环境影响因素，如安全、文明措施费等。

（3）公式参数法计价。定额模式下几乎所有的措施费用都采用这种办法。有些地区以费用定额的形式体现，就是按一定的基数乘系数的方法或自定义公式进行计算。这种方法简单、明了，但最大的难点是公式的科学性、准确性难以把握，尤其是系数的测算是一个长期、规范的问题。系数的高低直接反映投标人的施工及管理水平。这种方法主要适用于施工过程中必须发生，但在投标时很难具体分项预测，又无法单独列出项目内容的措施项目，如夜间施工、二次搬运费等，按此办法计价。

（4）分包法计价。在分包价格的基础上增加投标人的管理费及风险进行计价的方法，这种方法适合可以分包的独立项目，如大型机械设备进出场及安拆、室内空气污染测试等。

106. 在计算措施项目费用时应注意什么？

答：（1）工程量清单计价规范规定，在确定措施项目综合单价时，规范规定的综合单价组成仅供参考，也就是措施项目内的人工费、材料费、机械费、管理费、利润等不一定全部发生，不要求每个措施项目内人工费、材料费、机械费、管理费、利润都必须有。

（2）在报价时，有时对措施项目，招标人要求分析明细，这时用公式参数法组价、分包法组价都是先知道总数，这就靠人为用系数或比例的办法分摊人工费、材料费、机械费、管理费及利润。

（3）招标人提出的措施项目清单是根据一般情况确定的，没有考虑不同投标人的"个性"，因此，投标人在报价时，可以根据本企业的实际情况，调整措施项目内容，并据此报价。

107. 工程量清单计价的操作步骤有哪些？

答：（1）熟悉相关资料

1）熟悉工程量清单。工程量清单是计算工程造价最重要的依据，在计价时必须全面了解每一个清单项目的特征描述，以便在计价时不漏项，不重复计算。

2）研究招标文件。工程招标文件的有关条款、要求和合同条件，是计算工程计价的重要依据。在招标文件中，对有关承发包工程范围、内容、期限、工程材料、设备采购供应办法等都有具体规定，只有在计价时按规定进行，才能保证计价的有效性。

3）熟悉施工图纸。全面、系统地阅读图纸，是准确计算工程造价的重要工作。

4）熟悉工程量计算规则。当采用定额分析分部分项工程的综合单价时，对定额工程量计算规则的熟悉和掌握，是快速、准确地分析综合单价的重要保证。

5）了解施工组织设计。施工组织设计或施工方案是施工单位的技术部门针对具体工程编制的施工作业的指导性文件，其中对施工技术措施、安全措施、施工机械配置、是否增加辅助项目等，都应在工程计价的过程中予以注意。施工组织设计所涉及的费用主要是措施项目费。

6）明确材料的来源情况。

（2）计算工程量

采用清单计价，工程量计算主要有两部分内容：一是核算工程量清单所提供的清单项目的清单工程量是否准确；二是计算每一个清单主体项目及所组合的辅助项目的计价工程量，以便分析综合单价。

1）清单工程量，是按工程实体净尺寸计算。

2）计价工程量（也称定额工程量），是在净值的基础上，加上施工操作（或定额）规定的预留量。

（3）确定措施项目清单内容。

（4）计算综合单价及分部分项工程费。

（5）计算措施项目费、其他项目费、规费、税金及风险费用。

（6）汇总计算工程造价。

108. 综合单价的确定方法是什么？

答：综合单价的确定是工程量清单计价的核心内容，确定方法常采用定额组价。举例说明如下。

根据《计量规范》清单项目设置表（见表3-10），分析其综合单价可组合的定额项目。

分部分项工程量清单应根据附录规定的项目编码、项目名称、项目特征、计量单位和工程量计算规则进行编制。其中项目特征是确定综合单价的前提，由于工程量清单的项目特征决定了工程实体的实质内容，必然直接决定工程实体的自身价值。因此，工程量清单项目特征描述得准确与否，直接关系到工程量清

块料面层（编码：011102） 表 3-10

项目编号	项目名称	项目特征	计量单位	工程计算规则	工程内容
011102003	块料楼地面	1. 找平层厚度、砂浆配合比 2. 结合层厚度、砂浆配合比 3. 面层材料品种、规格、颜色 4. 嵌缝材料种类 5. 防护层材料种类 6. 酸洗、打蜡要求	m²	按设计图示尺寸以面积计算。门洞、空圈、暖气包槽、壁龛的开口部分并入相应的工程量内	1. 基层清理、抹找平层 2. 面层铺设 3. 嵌缝 4. 刷防护材料 5. 酸洗、打蜡 6. 材料运输

单项目综合单价的确定。

分析：由表 3-10 的项目特征栏可知，一个块料楼地面清单项目可能包含的内容：找平层、结合层、面层、嵌缝、面层防护层、面层的养护等，其可以组合套用的定额子目见表 3-11。

块料面层的定额子目组合 表 3-11

	项目特征	可套用的定额子目
块料楼地面综合单价	1. 找平层厚度、砂浆配合比	找平层
	2. 结合层厚度、砂浆配合比	面层（结合层含在面层定额子目中）
	3. 面层材料品种、规格、品牌、颜色	
	4. 嵌缝材料种类	嵌缝（指特殊的嵌缝材料）
	5. 防护层材料种类	面层的防护层
	6. 酸洗、打蜡要求	面层的养护

不同的工程，块料楼地面项目所包含的内容不同，项目特征描述的内容也不同，有的只包含其中的几项，有的还需包含其他的内容。如果块料楼地面施工材料不在工程现场，还涉及材料运输的费用，这些内容都需要在项目特征中予以明确，以便组价时不漏项。

提示：在定额组价过程中，常将与清单项目相同的定额项目称为主体项目，其他参与组价的定额项目称为辅助项目。

① 清单计价时，是辅助项目随主体项目计算，将不同工程内容的辅助项目组合在一起，计算出主体项目的综合单价；

② 定额计价时，是将相同施工工序的项目，分别单独列项套用定额，计算出每个项目的直接工程费，再将所有的项目汇总，计算出整个单位工程的直接工程费。

109. 综合单价的计算步骤有哪些？

答：(1) 核算清单工程量；

(2) 计算计价工程量；

(3) 选套定额，确定人材机单价，计算人材机费用；

(4) 确定费率，计算管理费、利润；

(5) 计算风险费用；

(6) 计算综合单价。

110. 如何计算整体面层清单工程量？

答：按设计图示尺寸以面积计算。扣除凸出地面构筑物、设备基础、室内铁道、地沟等所占面积，不扣除间壁墙和 $0.3m^2$ 以内的柱、垛、附墙烟囱及孔洞所占面积。门洞、空圈、暖气包槽、壁龛的开口部分不增加面积。

【例3-19】 试计算图 3-16 所示住宅内水泥砂浆地面的工程量。

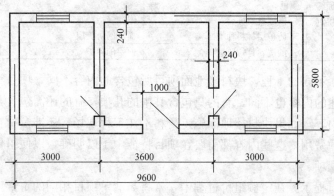

图 3-16　水泥砂浆地面示意图

分析：本例为整体面层，工程量按主墙间净空面积计算。

【解】 工程量=(5.8-0.24)×(9.6-0.24×3)=49.37(m²)

【例3-20】 图3-17为某五层建筑楼梯设计图，设计为普通水磨石面层。试计算水磨石楼梯面层工程量。不包括楼梯踢脚线、底面、侧面抹灰。

$$楼梯总面积 = 7.99 \times (5-1) = 31.96(m^2)$$

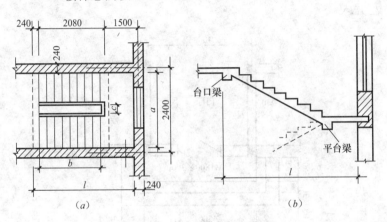

图3-17　水磨石楼梯设计图

(*a*) 平面图；(*b*) 剖面

【解】 每层楼梯工程量

$$S = (2.4-0.24) \times (0.24+2.08+1.5-0.12) = 7.99(m^2)$$

111. 如何计算块料面层清单工程量？

答：按设计图示尺寸以面积计算。门洞、空圈、暖气包槽、壁龛的开口部分并入相应的工程量内。

【例3-21】 某展览厅，地面用1:2.5水泥砂浆铺全瓷抛光地板砖，地板砖规格为1000mm×1000mm，地面实铺长度为40m，实铺宽度为30m，展览厅内有6个600mm×600mm的方柱。试计算铺全瓷抛光地板砖工程量。

【解】 块料楼地面工程量计算如下：

153

计算公式：块料楼地面工程量＝主墙间净长度×主墙间净宽度－每个 0.3m² 以上柱所占面积块料楼地面工程量＝40×30－0.6×0.6×6＝1197.84（m²）

【例 3-22】 计算图 3-18 所示门厅镶贴大理石地面面层工程量。

【解】 大理石面层工程量按图示尺寸计算，门洞开口部分面积并入。

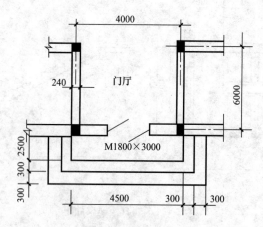

图 3-18 门厅镶贴大理石地面面层示意图

面层工程量＝（4－0.24）×6＋1.8×0.12＝22.78（m²）

【例 3-23】 某建筑物门前台阶如图 3-19 所示。试计算贴大理石面层的工程量。

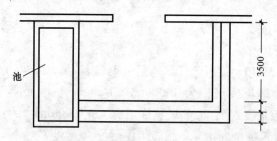

图 3-19 某建筑物门前台阶示意图

【解】 台阶贴大理石面层的工程量＝(5.0＋0.3×2)×0.3×3
　　　　＋(3.5－0.3)×0.3×3＝7.92(m²)
　　　　平台贴大理石面层的工程量＝(5.0－0.3)×(3.5
　　　　－0.3)＝15.04(m²)

112. 如何计算木地板、地毯清单工程量？

答：工程量按设计图示尺寸以面积计算。门洞、空圈、暖气包槽、壁龛的开口部分面积并入相应的工程量内。

【例 3-24】 某体操练功用房，地面铺木地板，其做法是：30mm×40mm 木龙骨中距(双向)450mm×450mm；20mm×80mm 松木毛地板 45°斜铺，板间留 2mm 缝宽；上铺 50mm×20mm 企口地板，房间面积为 30m×50m，门洞开口部分 1.5m×0.12m 两处。计算木地板工程量。

【解】 木地板工程量计算如下：

计算公式：木地板工程量＝主墙间净长度×主墙间净宽度
　　　　　　　　　　　　＋门窗洞口、壁龛开口部分面积
木地板工程量＝30×50＋1.5×0.12×2＝150.36(m²)

113. 如何计算踢脚线清单工程量？

答：踢脚线工程量按设计图示长度乘以高度以面积计算。

【例 3-25】 某房屋平面如图 3-20 所示，室内水泥砂浆粘贴 200mm 高石材踢脚板。试计算工程量。

【解】 石材踢脚线工程量计算如下：

计算公式：踢脚线工程量＝踢脚线净长度×高度

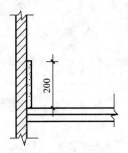

图 3-20 某房屋平面图

踢脚线工程量＝[(8.00－0.24＋6.00－0.24)×2＋(4.00
　　　　　　－0.24＋3.00－0.24)×2－1.5－0.80
　　　　　　×2＋0.12×6]×0.20＝7.54(m²)

155

【例 3-26】 如图 3-21 所示,某工程会议室地面做法为:拆除原有架空木地板,清理基层,塑料胶粘剂粘贴防静电地毡面层。试编制其分部分项工程量清单。

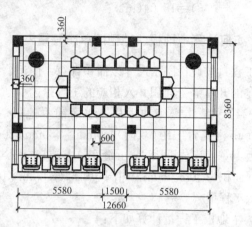

图 3-21 某会议室地面铺贴

【解】 (1) 清单工程量计算规则(见下表)

项目编码	项目名称	项目特征	计量单位	工程量计算规则	工程内容
011104001	楼地面地毡	1. 面层材料品种、规格、颜色 2. 防护材料种类 3. 粘结材料种类	m²	按设计图示尺寸以面积计算。门洞、空圈、暖气包槽、壁龛的开口部分并入相应的工程量内	1. 基层清理 2. 铺贴面层 3. 刷防护材料 4. 装订压条 5. 材料运输

(2) 清单工程量计算 根据《房屋建筑与装饰工程工程量计算规范》(GB 50854—2013)附表 L.4 其他材料面层,清单工程量计算如下:

$12.66 \times 8.36 - [0.6 \times 0.6 \times 2 + (0.6 - 0.36) \times 0.6 \times 4]$ (立柱)

$+0.12 \times 1.5$ (门洞) $= [105.84 - 1.3 + 0.18]$ m² $= 104.72$ (m²)

将上述结果及相关内容填入"分部分项工程量清单"见表 3-12。

分部分项工程量清单 表 3-12

序　号	项目编码	项目名称	计量单位	工程数量
1	011104001001	楼地面地毡 1. 拆除带木龙骨木地板 2. 面层材料品种：防静电地毡 3. 粘结材料种类：塑料胶粘剂	m²	104.72

114. 如何计算块料楼梯面层清单工程量？

答：按设计图示尺寸以楼梯（包括踏步、休息平台及 500mm 以内的楼梯井）水平投影面积计算。

115. 如何计算栏杆、扶手清单工程量？

答：按设计图示尺寸以扶手中心线长度（包括弯头长度）计算。

【例 3-27】 如图 3-22 所示六层建筑的楼梯，做扶手不锈钢管直线形（其他）栏杆。试计算栏杆扶手工程量，栏杆扶手伸入平台 150mm。

【解】 楼梯扶手（栏杆）工程量均按中心线延长米计算。

工程量＝每层水平投影长度×$(n-1)$×系数 1.15
　　　　＋顶层水平扶手长度 ＝ $[(0.27 \times 8 + 0.15 \times 2$
　　　　$\times$ 伸入长＋$0.2 \times$ 井宽$) \times 2 \times (6-1) \times 1.15 + (2.4$
　　　　$-0.24-0.2)/2] \times 2 = 63.14$(m)

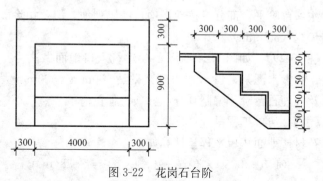

图 3-22　花岗石台阶

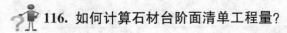

116. 如何计算石材台阶面清单工程量?

答：均按设计图示尺寸以台阶（包括最上层踏步边沿加300mm）水平投影面积计算。

【例 3-28】 某工程花岗石台阶，尺寸如图 3-22 所示，台阶及翼墙 1：2.5 水泥砂浆粘贴花岗石板（翼墙外侧不贴）。试计算工程量。

【解】 （1）石材台阶面工程量计算

如图 3-23 所示，计算公式为

台阶工程量 $= L \times (B \times n + 0.3)$

石材台阶面工程量 $= 4.00 \times 0.30 \times 4 = 4.80 (\text{m}^2)$

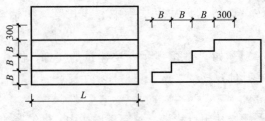

图 3-23　石材台阶面

（2）石材零星项目工程量计算

石材零星项目工程量 $= 0.3 \times (0.9 + 0.3 + 0.15 \times 4) \times 2$
$+ (0.3 \times 3) \times (0.15 \times 4)(\text{折合}) = 1.62 (\text{m}^2)$

注：台阶平台部分可按地面项目编码列项，但要扣除最上一层踏步宽（300mm）。

【例 3-29】 如图 3-24 所示，某建筑入口地面做法为：清理基层，刷素水泥浆，1：3 水泥砂浆粘贴 500mm×500mm 大理石地面及大理石台阶，编制其分部分项工程量清单。

【解】 清单工程量计算规则

石材楼地面清单工程量计算如下：

$(1.5 - 0.3) \times (4.2 - 0.3 \times 6) = 2.88 (\text{m}^2)$

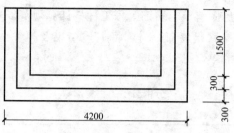

图 3-24　某建筑大理石台阶

块料面层（编码：011102）

项目编码	项目名称	项目特征	计量单位	工程量计算规则	工程内容
011102001	石材楼地面	1. 找平层厚度、砂浆配合比 2. 结合层厚度、砂浆配合比 3. 面层材料品种、规格、品牌、颜色 4. 嵌缝材料种类 5. 防护层材料种类 6. 酸洗、打蜡要求	m²	按设计图示尺寸以面积计算。门洞、空圈、暖气包槽、壁龛的开口部分并入相应的工程量内	1. 基层清理、抹找平层 2. 面层铺设 3. 嵌缝 4. 刷防护材料 5. 酸洗、打蜡 6. 材料运输

石材台阶面清单工程量

$$(1.5+0.3\times2)\times4.2-2.88=5.94(m^2)$$

台阶装饰（011107）

项目编码	项目名称	项目特征	计量单位	工程量计算规则	工程内容
011107001	石材台阶面	1. 找平层厚度、砂浆配合比 2. 粘结层材料种类 3. 面层材料品种、规格、品牌、颜色 4. 勾缝材料种类 5. 防滑条材料种类、规格 6. 防护材料种类	m²	按设计图示尺寸以台阶（包括最上一层踏步边沿加300mm）水平投影面积计算	1. 基层清理 2. 抹找平层 3. 面层铺贴 4. 贴嵌防滑条 5. 勾缝 6. 刷防护材料 7. 材料运输

根据《房屋建筑与装饰工程工程量计算规范》（GB 50854—2013）表 L.7 台阶装饰石材，将上述结果及相关内容填入分部分项工程量清单，见表 3-13。

分部分项工程量清单 表 3-13

工程名称：某建筑入口装修工程

序　号	项目编码	项目名称	计量单位	工程数量
1	011102001001	石材楼地面 1. 面层材料品种、规格：600mm×600mm 大理石板 2. 结合层材料种类：水泥砂浆 1：3	m²	2.88
2	011107001001	石材台阶面 1. 面层材料品种、规格：大理石板 2. 结合层材料种类：水泥砂浆 1：3	m²	5.94

117. 楼地面工程中对"零星装饰"项目的适用范围及计算方法如何？

答：（1）"零星装饰"适用于小面积（0.5m² 以内）少量分散的楼地面装饰，其工程部位或名称应在清单项目中进行描述。

（2）"零星装饰"项目按设计图示尺寸以面积平方米（m²）计算。

【例 3-30】 如图 3-25 所示，某六层建筑楼梯采用硬木扶手带车花木栏杆，计算栏杆、扶手分部分项工程工程量。

【解】 根据《房屋建筑与装饰工程工程量计算规范》（GB 50854—2013）表 Q.3 扶手、栏杆、栏板装饰，栏杆、扶手清单工程量＝3.36×2×5m＋1.76m＝35.36(m)

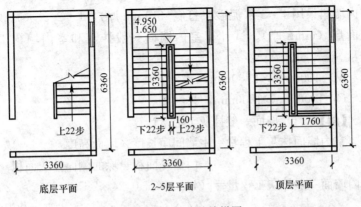

图 3-25　某建筑楼梯图

118. 如何计算墙面抹灰清单工程量？

答：按设计图示尺寸以面积计算。扣除墙裙、门窗洞口及单个 $0.3m^2$ 以外的孔洞面积，不扣除踢脚线、挂镜线和墙与构件交接处的面积，门窗洞口和孔洞的侧壁及顶面不增加面积。附墙柱、梁、垛、烟囱侧壁并入相应的墙面面积内。

【例 3-31】　某工程如图 3-26 所示，室内墙面抹 1∶2 水泥砂浆底，1∶3 石灰砂浆找平层，麻刀石灰浆面层，共 20mm 厚。

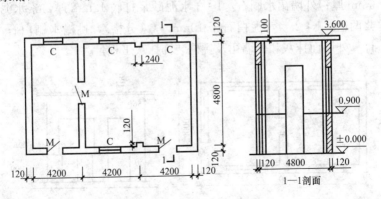

图 3-26　某工程剖面图

室内墙裙采用1:3水泥砂浆打底（19mm厚），1:2.5水泥砂浆面层（6mm厚）。试计算室内墙面一般抹灰和室内墙裙工程量。

　　M：1000mm×2700mm，共3个

　　C：1500mm×1800mm，共4个

【解】（1）墙面一般抹灰工程量计算

室内墙面抹灰工程量＝主墙间净长度×墙面高度

　　　　　　　　　　一门窗等面积＋垛的侧面抹灰面积

室内墙面一般抹灰工程量＝[(4.20×3－0.24×2＋0.12×2)×2

　　　　　　　　　　　＋(4.80－0.24)×4]×(3.60－0.10

　　　　　　　　　　　－0.90)－1.00×(2.70－0.90)×4

　　　　　　　　　　　－1.50×1.80×4＝61.56(m²)

（2）室内墙裙工程量计算

室内墙裙抹灰工程量＝主墙间净长度×墙裙高度

　　　　　　　　　　一门窗所占面积＋垛的侧面抹灰面积

室内墙裙工程量＝[4.20×3－0.24×2＋0.12×2)×2＋

(4.80－0.24)×4－1.00×4]×0.90＝35.06(m²)

【例3-32】　某工程见图3-27所示，外墙面抹水泥砂浆，底层为1:3水泥砂浆打底14mm厚，面层为1:2水泥砂浆抹面6mm厚；外墙裙水刷石，1:3水泥砂浆打底12mm厚，素水泥浆两遍，1:2.5水泥白石子10mm厚（分格），挑檐水刷白石，计算外墙面抹灰和外墙裙及挑檐装饰抹灰工程量。

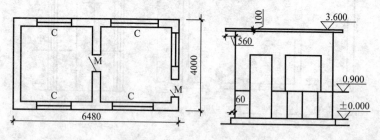

图 3-27　某外墙面抹灰尺寸

M：1000mm×2500mm

C：1200mm×1500mm

【解】 （1）墙面一般抹灰工程量计算

外墙面抹灰工程量＝外墙面长度×墙面高度－门窗等面积
　　　　　　　　　　＋垛梁柱的侧面抹灰面积

外墙面水泥砂浆工程量＝$(6.48+4.00)×2×(3.6-0.10$
　　　　　　　　　　　　$-0.90)-1.00×(2.50-0.90)-1.20$
　　　　　　　　　　　　$×1.50×5=43.90(m^2)$

（2）墙面装饰抹灰工程量计算

外墙装饰抹灰工程量＝外墙面长度×抹灰高度－门窗等面积
　　　　　　　　　　＋垛梁柱的侧面抹灰面积

外墙裙水刷白石子工程量＝$[(6.48+4.00)×2-1.00]$
　　　　　　　　　　　　　$×0.90=17.96(m^2)$

（3）零星项目装饰抹灰工程量计算

零星项目装饰抹灰工程量＝按设计图示尺寸展开面积计算

挑檐水刷石工程＝$[(6.48+4.00)×2+0.60×8]$
　　　　　　　　$×(0.10+0.04)=3.61(m^2)$

119. 如何计算柱面抹灰清单工程量？

答：均按设计图示柱断面周长乘以高度以面积计算。

【例 3-33】 某单位大门砖柱 4 根，砖柱块料面层设计尺寸如图 3-28 所示，面层水泥砂浆贴玻璃锦砖。试计算工程量。

【解】 （1）块料柱面工程量计算

柱面一般抹灰、装饰抹灰和勾缝工程量 ＝ 柱结构断面周长
　　　　　　　　　　　×设计柱抹灰(勾缝)高度

柱面贴块料工程量 ＝ 柱设计图示外围周长×装饰高度

柱面装饰板工程量 ＝ 柱饰面外围周长×装饰高度＋柱帽、柱墩面积

柱面工程量 ＝ $(0.6+1.0)×2×2.2×4=28.16(m^2)$

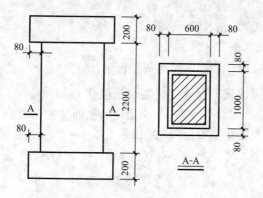

图 3-28　某大门砖柱块料面层尺寸

（2）块料零星项目工程量计算

块料零星项目工程量＝按设计图示尺寸展开面积计算

压顶及柱脚工程量＝$[(0.76+1.16)\times2\times0.2+(0.68$

$+1.08)\times2\times0.08]\times2\times4=8.40(m^2)$

【例 3-34】　试计算图 3-29 所示墙面装饰的工程量。

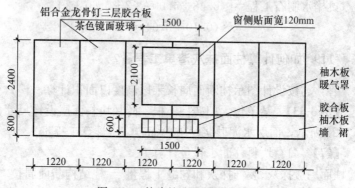

图 3-29　某建筑墙面装饰示意图

【解】　（1）铝合金龙骨的工程量

$1.22\times6\times(2.4+0.8)-1.5\times2.1+(2.1+1.5)\times2\times0.12$

$-1.5\times0.6=24.424-3.15+0.432-0.9=20.806(m^2)$

164

(2) 龙骨上钉三层胶合板基层的工程量

$$1.22 \times 6 \times 2.4 - 1.5 \times 2.1 + (2.1 + 1.5) \times 2 \times 0.12$$
$$= 17.568 - 3.15 + 0.432 = 14.85 (m^2)$$

(3) 镶贴茶色镜面玻璃墙面的工程量同本例（2），即 14.85m²

(4) 胶合板柚木板墙裙的工程量

$$1.22 \times 5 \times 0.8 - 1.5 \times 0.6 + 1.22 \times 6 = 11.3 (m^2)$$

(5) 钉木压条的工程量　　$0.8 \times 4 + 1.22 \times 6 = 10.52$ （m）

(6) 柚木板暖气罩的工程量　　$1.5 \times 0.6 = 0.9$ （m²）

【例 3-35】　如图 3-30 所示，龙骨截面为 40mm×35mm，间距为 500mm×1000mm 的玻璃木隔断，木压条镶嵌花玻璃，门口尺寸为 900mm×2000mm，安装艺术门扇；钢筋混凝土柱面钉木龙骨，中密度板基层，三合板面层，刷调和漆三遍，装饰后断面为 400mm×400mm。试计算工程量。

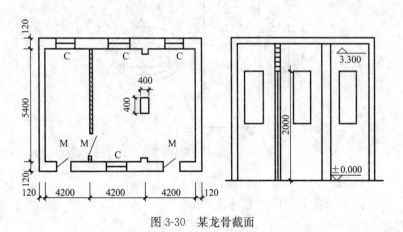

图 3-30　某龙骨截面

【解】（1）隔断工程量计算

木间壁、隔断工程量 = 图示长度 × 高度 − 不同材质门窗面积

间壁墙工程量 = $(5.40 - 0.24) \times 3.3 - 0.9 \times 2.0 = 15.23 (m^2)$

（2）柱面装饰工程量计算

柱面装饰板工程量＝柱饰面外围周长×装饰高度＋柱帽、柱墩面积

柱面工程量＝ $0.40×4×3 = 4.8(m^2)$

【例 3-36】 某墙面工程，三合板基层，塑料板墙面 500mm×1000mm，共 16 块。胶合板墙裙 13m 长，净高 0.9m，木龙骨（成品）40mm×30mm，间距 400mm，中密度板基层，面层贴无花桦木夹板，计算工程量。

【解】 装饰墙面工程量计算如下：

装饰墙面工程量 ＝ 设计图示墙净长度×净高度－门窗面积

塑料板墙面工程量 ＝ $0.50×1.00×16 = 8.00(m^2)$

胶合板墙裙面层工程量 ＝ $13×0.9 = 11.70(m^2)$

【例 3-37】 木龙骨，五合板基层，不锈钢柱面尺寸如图 3-31 所示，共 4 根，龙骨断面 30mm×40mm，间距 250mm。试计算工程量。

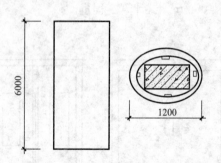

图 3-31 某不锈钢柱面尺寸

【解】 柱面装饰工程量计算如下：

柱面装饰板工程量＝柱饰面外围周长×装饰高度
＋柱帽、柱墩面积

柱面装饰工程量 ＝ $1.20×3.14×6.00×4 = 90.48(m^2)$

【例 3-38】 图 3-32 为木骨架全玻璃隔墙，求其工程量。

【解】 工程量＝间隔间面积－洞面积
＝$3.5×3-2.1×0.8 = 8.82$（m^2）

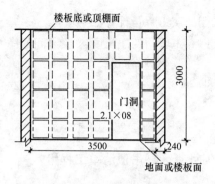

图 3-32　木骨架全玻璃隔墙示意图

120. 如何计算墙面镶贴块料面层清单工程量？

答：按设计图示尺寸以镶贴表面积计算。

121. 如何计算天棚抹灰清单工程量？

答：按设计图示尺寸以水平投影面积计算。不扣除间壁墙、垛、柱、附墙烟囱、检查口和管道所占面积，带梁天棚、梁两侧抹灰面积并入天棚面积内，板式楼梯底面抹灰按斜面积计算，锯齿形楼梯板底抹灰按展开面积计算。

【例 3-39】　某工程现浇井字梁天棚如图 3-33 所示，麻刀石灰浆面层。试计算工程量。

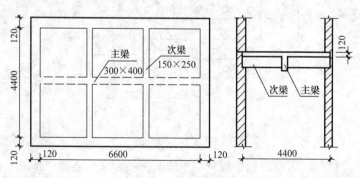

图 3-33　井字梁天棚

【解】 天棚抹灰工程量计算如下：

天棚抹灰工程量 = 主墙间的净长度 × 主墙间的净宽度
　　　　　　　　 + 梁侧面面积

天棚抹灰工程量 = $(6.60 - 0.24) \times (4.40 - 0.24) + (0.40$
　　　　　　　$- 0.12) \times 6.36 \times 2 + (0.25 - 0.12) \times 3.86 \times 2$
　　　　　　　$\times 2 - (0.25 - 0.12) \times 0.15 \times 4 = 31.95(m^2)$

122. 如何计算天棚吊顶清单工程量？

答：天棚吊顶按设计图示尺寸以水平投影面积计算。天棚面中的灯槽及跌级、锯齿形、吊挂式、藻井式天棚面积不展开计算。不扣除间壁墙、检查口、附墙烟囱、柱垛和管道所占面积，扣除单个 $0.3m^2$ 以外的孔洞、独立柱及与天棚相连的窗帘盒所占的面积。

【例 3-40】 试计算图 3-34 所示天棚吊顶工程量。

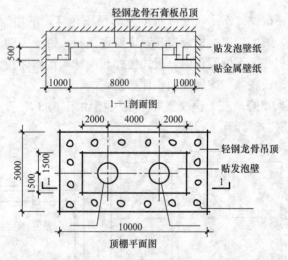

图 3-34　某天棚吊顶工程

【解】 天棚吊顶工程量 = 主墙间净长度 × 主墙间净宽度
　　　　　　　　　　 - 独立柱及相连窗帘盒等所占面积

$$天棚吊顶工程量 = 10 \times 5 = 50(m^2)$$

【例 3-41】 若某宾馆有图 3-35 所示标准客房 20 间。试计算天棚工程量。

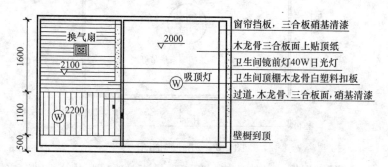

图 3-35 某宾馆标准客房吊顶

【解】 由于客房各部位天棚做法不同，应分别计算。

(1) 房间天棚工程量。根据计算规则，龙骨及面层工程量均按主墙间净面积计算，与天棚相连的窗帘盒面积应扣除。天棚面贴墙纸工程量按相应天棚面层计算。故本例的木龙骨、三合板面及裱糊墙纸的工程量为

木龙骨工程量：$(4-0.12) \times 3.2 \times 20 = 248.32(m^2)$
三合板面及裱糊墙纸面：$(4-0.2-0.12) \times 3.2 \times 20 = 235.53(m^2)$

(2) 走道天棚工程量。过道天棚构造与房间类似，壁橱到顶部分不做天棚，胶合板硝基清漆工程量按天棚面层板面积计算。则木龙骨、三合板、硝基漆工程量为：

$$(1.85 - 0.12) \times (1.1 - 0.12) \times 20 = 33.91(m^2)$$

(3) 卫生间天棚工程量。卫生间用木龙骨白塑料扣板吊顶，其工程量仍按实做面积计算，即：

$$(1.6 - 0.12) \times (1.85 - 0.12) \times 20 = 51.21(m^2)$$

【例 3-42】 某办公室吊顶平面图如图 3-36 所示，计算其分部分项工程的工程量。

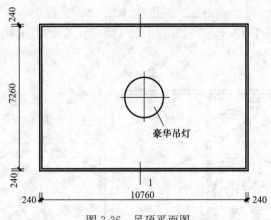

图 3-36　吊顶平面图

【解】　根据"装饰装修工程工程量清单项目及计算规则"表 B.3.2 天棚吊顶，清单工程量为：

$$7.26 \times 10.76 \text{m} = 78.12(\text{m}^2)$$

123. 如何计算卷帘门清单工程量？

答：按设计图示数量或设计图示洞口尺寸以面积计算。

【例 3-43】　某办公用房连窗门，不带纱扇，刷底油一遍，门上安装普通门锁，设计洞口尺寸如图 3-37 所示，共 12 樘。试计算连窗门工程量。

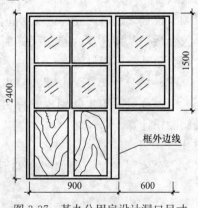

图 3-37　某办公用房设计洞口尺寸

【解】 计算公式为连窗门工程＝计图示数量

连窗门工程量＝12 樘

【例 3-44】 某茶馆设计有矩形窗上带半圆形木制固定玻璃窗，制作时刷底油一遍，设计洞口尺寸如图 3-38 所示，共 2 樘。试计算半圆形玻璃窗部分工程量。

【解】 计算公式为异形木固定窗工程量＝设计图示数量

异形木固定窗工程量＝2 樘

【例 3-45】 某办公用房底层需安装如图 3-39 所示铁窗栅，共 22 樘，刷防锈漆。试计算铁窗栅工程量。

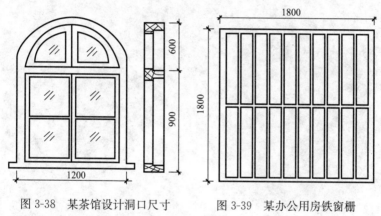

图 3-38　某茶馆设计洞口尺寸　　图 3-39　某办公用房铁窗栅

【解】 计算公式为金属防盗窗工程量＝设计图示数量

金属防盗窗工程量＝22 樘

124. 如何计算门窗套、筒子板清单工程量？

答：按设计图示尺寸以展开面积计算，或按设计图示数量计算或按设计图文中心以延长米计算。

125. 如何计算窗台板清单工程量？

答：按设计图示尺寸以展开面积计算。

126. 如何计算门窗贴脸清单工程量？

答：按设计图示数量或以延长米计算。

 127. 如何计算窗帘盒及窗帘轨清单工程量？

答：按设计图示尺寸以长度计算。

第四章　实际工程造价问题解疑

1. 楼梯、台阶面层的工程量与楼地面的工程量是如何划分的？

答：计算台阶工程量时，部分预算人员习惯于以门为界，门内按地面计算，门外按照台阶计算。实际上大多预算定额计算台阶的方法是和计算楼梯工程量的方法相同的。

楼梯面层工程按与之相连的楼梯梁作为楼梯与相连的楼板的分界线。楼梯计算至楼梯梁的外边线，楼梯梁外边线以外的部分，按照楼板计算。没有楼梯梁时的楼梯面层工程量和台阶面层工程量，计算至梯段或台阶最上一个踏步的边缘另加 300mm，按水平投影面积套用相应的定额子目项。

2. 关于地砖铺贴用干硬性砂浆的计算问题

答：图纸设计中说明地砖用干硬性砂浆铺贴厚度为 20mm厚，但常规做法中技术工都将铺贴厚度设置在 4、5cm 进行铺贴，这样一来如果按照 20mm 厚报价就亏损。

实际现场的师傅铺贴地砖是直接在现浇楼面上铺贴的，就是说没有对现浇板的地面进行找平就直接铺贴了，现浇楼板不进行找平就用 2cm 厚的砂浆铺贴是很难达到规范规定的平整度要求的，因此现场师傅就将铺贴的砂浆厚度调整到 4、5cm 是很正确的，相当于现场将找平和铺贴地砖两道工序一次性完成了，这样现场的师傅们就省了一道找平的工序（最起码节省了找平层的人工费）。

但是在结算时，还是要计算一层 2cm 厚的找平层的，2cm厚的找平层加上 2cm 厚的地砖铺贴砂浆层，这样不就和现场的实际情况一样了。所以施工是一次性完成的，结算还是要分找平层和地砖铺贴层两次来计算的。

这个问题就是需要造价人员熟悉施工的工艺和流程，实际施工与预算结算计算规则的结合。

3. 整体地面面层和块料地面面层定额工程量计算有何区别？

答：整体面层，找平层的工程量按主墙间墙与墙净空面积计算。应扣除凸出地面构筑物、设备基础、室内管道、地沟等所占的面积，不扣除柱、垛、间壁墙、附墙烟囱及面积在 0.3m² 以内的孔洞所占面积，但门洞、空圈、暖气包槽、壁龛的开口部分也不增加计算面积。块料面层，按设计图所示尺寸实铺面积计算，门洞、空圈、暖气包槽和壁龛的开口部分的工程量按实际计算，并将相应的面层工程量计算在内。

4. 室内顶棚抹灰的工程量与地面抹灰的工程量相等吗？

答：不一定。顶棚抹灰工程量和地面抹灰工程量都是按主墙间的净面积计算，但是不平行于墙体的混凝土梁侧面的抹灰工程量，要并入天棚抹灰工程量之中计算。

5. 楼地面块料面层的砂浆基层，定额未注明厚度，是否可以调整？

答：楼地面块料面层的砂浆基层厚度无论现场实际的多少，均不予调整。

6. 什么是墙裙？怎么计算？

答：所谓墙裙，很直观、通俗地说，就是立面墙上像围了裙子。这种装饰方法是在四周的墙上距地一定高度（例如 1.5m）范围之内全部用装饰面板、木线条等材料包住，常用于卧室和客厅。例如，20 世纪 90 年代在城市买房并装修，那时很流行这种装修风格，现在已经很少见了。通常可以看到建筑物从其室外地面起到主体顶用不同装饰材料。通常按照延长米计算。

7. 地面抹灰怎样计算？

答：地面抹一遍 6mm 厚 1：1.5 水泥砂浆，再抹一遍 12mm 厚 1：2.5 水泥砂浆。这样的话，是计算一遍抹水泥砂浆还是算两遍？

地面不能抹灰。地面找平，墙面才抹灰。抹灰一般是 2cm 厚，两层加起来才 18mm 厚，所以套用一遍就完全可以了。

8. 计算涂料面积时，是否要加抹灰厚度？

答：其实在计算涂料面积时，准确地说，定额计算规则上面是这样说明的，墙面的涂料面积按照墙面的投影面积计算。按照这个说法，在计算涂料面积时应该加上抹灰厚度，但是，实际中墙面的抹灰厚度都是很薄的，一般也就是 2cm 左右，在这种情况下，抹灰厚度增加的面积其实很小，对于整个工程量来讲，完全可以忽略不计。

如果外墙有保温层的话，厚度可能就会厚些，这个时候计算外墙涂料面积时，就应该加上外墙抹灰和保温层的厚度。

9. 计算抹灰时是否计算窗户侧壁抹灰的面积？

答：如果是计算水泥砂浆和混合砂浆墙面抹灰的话，窗户侧壁是不需要计算的，如果是计算墙面块料面层的话，那么窗户侧壁是要按照实际铺贴面积计算的。全国各地装饰定额的计算规则虽然有区别，但大致是差不多的。

10. 女儿墙的抹灰问题怎么计算？

答：女儿墙的抹灰在定额中的描述为投影面积乘以 1.1，有压顶的为投影面积乘以 1.3，这其中是否包括女儿墙外侧？如果不包括在内，那应该怎么算？

女儿墙的抹灰按照投影面积乘 1.1 的系数，有压顶的乘 1.3

的系数，这个可想而知是不包括女儿墙外侧的，如果包括女儿墙外侧的话，应按照投影面积计算再乘以定额给出的系数，那么是不能保证正常施工的。

因为女儿墙的内侧一般有防水层的卷边以及防水层卷边的收口等，所以抹灰相对麻烦些，因此此定额给乘一个系数作为补偿，而一般压顶会有一个向内侧挑出 6cm 宽的防止雨水流淌至墙面的混凝土线条，所以定额给出有压顶的女儿墙乘系数 1.3。

女儿墙外侧一般计算在外墙面工程量内，因为女儿墙的外侧面属于外墙装饰面。

11. 墙面抹灰、镶贴块料和清水墙面勾缝的工程量计算有什么区别？

答：墙面普通抹灰和装饰抹灰的工程量，均按墙面的垂直投影面积计算，扣除门窗洞口和空圈所占的面积；内墙不扣除踢脚板、挂镜线、0.3m² 以内的孔洞和墙与构件交接处的面积，洞口侧壁和顶面的面积不增加。

清水墙面勾缝的工程量，按垂直投影面积计算，应扣除墙裙和墙面抹灰的面积，但不扣除门窗洞口、门窗套、腰线等零星抹灰所占的面积，附墙柱和门窗洞口侧面的勾缝面积也不增加。

墙面粘贴釉面砖、石材、马赛克等块料面层的工程量，均按图示尺寸以实际粘贴的面积计算。

12. 门窗套、门窗贴脸、门窗筒子板这三项有什么区别与联系？是不是门窗贴脸和门窗筒子板合起来称为门窗套？

答：（1）门窗套：在门窗洞口与两个立边垂直的面，可凸出外墙形成的边框也可与外墙平齐，既要立边垂直平整又要满足与墙面平整，故此质量要求很高。这好比在门窗外罩上一个正规的套子，人们习惯称之为门窗套。

（2）门窗贴脸：当门窗框与内墙面平齐时，总有一条与墙面的明显缝口，在门窗使用筒子板时也存在这个缝口，为了遮盖此缝口而装钉的木板盖缝条就叫做贴脸。

(3) 门窗包套口及贴脸：为了增加门窗洞口的美观而做的一项高级装饰。

通常做法：在门窗洞的内外侧墙体上钻孔塞入木条，用钉子把 1.5~1.8cm 厚的基层板（如细木工）与墙体钉牢，然后把高级的外饰面板粘贴到基层板上，最后做油漆面层。另在门口的内侧（门平关的位置处）钉 1.0cm 厚的基层板，外贴装饰板，以作为挡门之用。横竖收口收边用各种装饰线处理。与装饰门窗包套口同步使用的贴脸板通常都是指那种在最外层的木线板。

(4) 筒子板与门窗口是同一名称，两种叫法。

各地区的定额规定不同：某省定额中，把包门窗套口分成了门窗包口及硬木筒子板两个内容（后来定额解释又说它们其实指同一种名称的两种叫法），而门窗贴脸没有列项，只好套用装饰木压条线，而传统定额单有贴脸一项，是以延长米计的（视各地定额规定情况而定）。不过，与清单配套实行的消耗量定额就分得很详细了（以国家规定清单计价规范为准）。

13. 塑钢窗在结算时如何进行计算？

答：按实际尺寸，一般是建筑公司同门窗供应商结算时采用的方式。而建筑公司同业主或向监理报验均是按图示尺寸计算的。

14. 门窗套如何计算？

答：(1) 门窗套是按长度分规格分别计算。

(2) 幕墙玻璃钢爪没有适用定额，现在处理方法是按市场价考虑，安装费已经考虑在幕墙安装里。

(3) 吊顶分不同型号规格，按面积计算。分龙骨和面层分别计算。

15. 计算木门窗工程量时，需要注意哪些问题？

答：不仅木制门窗，其他铝合金门窗、不锈钢门、彩板组角钢门窗、塑钢门窗等，其制作和安装的工程量均应按照门窗的洞口面积计算。

木门窗套用定额时，应注意大多数定额的木门窗框，均是按照先砌墙后立框考虑和测算的，如果按照先立框后砌墙的施工方法时，每 100m² 门窗洞口面积，应该增加 0.05m³ 支撑木方材。当然，现在大多数施工合同中，对于门窗工程如果是采用按照市场价格直接定价，此问题也就避免了。

16. 成品的金属门窗在套定额时是否需要套刷漆子目？

答：住宅楼用的防盗门等金属门窗一般进场时已完成表面刷漆，此时是不需要套刷漆子目的，但在钢结构中，成品的金属门窗一般只刷一道底漆，进场安装后，还须刷面漆，此时刷面漆是需要套刷漆子目的。总之，成品的金属门窗在套定额时是否需要套刷漆子目，是要看安装后是否还需要二次刷漆来定。

17. 铝合金门窗制作安装定额中的零件费，是否包括五金配件在内？

答：零件费系指膨胀螺栓、地脚及拉杆螺栓等安装固定铝门窗的零件费用，不包括五金配件，五金配件可按铝门窗五金配件表另行计算。

18. 铝合金门窗有现场制作安装和成品安装两类子目，如何选择？

答：除设计有明确规定外，一般都应套用成品安装子目。

19. 钢龙骨石膏板吊顶中主次龙骨的实际用量小于定额含量如何调整？

答：定额含量不变，主材单价可补价调差。

20. 矿棉板和石膏板安装到顶棚龙骨时，两种差别在哪里？

答：矿棉板是直接安装在龙骨上的，而石膏板是用自攻螺钉固定在龙骨上的。

21. 饰面砖需用压顶条、阴阳角条时，如何套用定额？

答：贴面砖若有压顶条、阴阳角条时，可以借用房修定额中贴压顶条、阴阳角条子目的人工及材料含量，单价换算按装饰定额有关规定执行。

22. 墙面砖的工程量如何计算？

答：外墙面砖的工程量计算，在算完总的外墙面积后需要扣除各种洞口的面积。

在扣除外窗的洞口面积时，窗套的面积需要扣除吗？

要考虑现场施工窗套时是否按压砖安装，一般此处计算为：

（1）一般窗内翻 10cm 或 5cm（根据现场技术）；

（2）飘窗为计算到洞口边（一般飘窗板比洞口一边宽 10～20cm）。

各地规则可能有所不同，一般来说，凸出外墙的窗套线的块料镶贴按零星项目计算，没有凸出外墙的窗套线的窗侧块料则计入墙内，所以墙面砖的工程量计算，窗套的面积需要扣除并另算作零星项目，至于扣除与否对总造价的影响不是很大，但按相关的计算规则算量，对承发包双方都会有好处。

23. 卫生间、厨房墙面面积如何计算？

答：卫生间、厨房墙面图纸要求为釉面砖墙面，那么釉面砖的墙面高度是多少？满墙布置吗？图纸没有给出，图集上也没说明，应该取多少？有什么规定吗？

卫生间、厨房墙面图纸要求为釉面砖墙面。从文字角度理解，既然是没有说明高度，应该是全部墙面。

从施工经验来说，若卫生间和厨房无吊顶时，那釉面砖就应该是满墙面粘贴；若卫生间和厨房有吊顶时，卫生间、厨房的墙面砖都是安装到吊顶上 100～150mm。从使用角度来说，卫生间比较潮湿，厨房油烟多，而釉面砖比较容易清洗。所以，应该是安装到吊顶上 100~150mm。

故在计算工程量的时候，要结合整个设计图纸进行综合考虑后，再进行计算。虽然有的时候，设计没明确粘贴的高度，但是这是施工工艺中规定的。所以做预算的朋友不能死做预算，首先要懂得施工工艺，这样你做的预算才能准确，才能更符合实际的施工。

24. 幕墙是否计算建筑面积？

答：根据建筑面积计算规则：以幕墙作为围护结构的建筑物，应按幕墙外边线计算建筑面积。装饰性幕墙不计算建筑面积。

25. 包暖气管执行什么子目？

答：可套附墙（柱）木龙骨饰面相应子目，并按设计要求调整木龙骨用量。

26. 曲线和斜线的延长米如何解释？

答：遇曲线和斜线可以展开计算，如弧线墙、楼梯踏步段栏杆等，不用投影长度，这里用"延长米"比用"米"描述得要准确些，无歧义而已。

27. 楼梯扶手和立杆是不一样的，应怎么计算？

答：楼梯扶手一般只计算扶手的长度，因为一般的定额子目中已经包括了立杆的，不过也有极个别特殊情况的，比如有的栏杆和扶手是分开计算的，这个要看定额说明。普遍来说，扶手是以延长米计算的，定额子目里已经包括了立杆的工作内容。

28. 水泥砂浆和混合砂浆的区别？

答：以水泥和砂为原料的砌体粘结物为水泥砂浆，以水泥、砂和石灰为原料的砌体粘结物为水泥混合砂浆，以石灰和砂为原料的砌体粘结物为混合砂浆。辨别很简单，混合砂浆发白，有石灰掺合物，而水泥砂浆为暗灰色发黑。

水泥砂浆是水泥和砂子根据一定比率拌和，防潮性能好些，常用在墙基"防潮层"以下的砖砌体砌筑。

混合砂浆还可加入其他材料（如：石灰膏、砂浆王），它的砌筑性能较好，常用在墙体"防潮层"以上的砖砌体砌筑及墙面抹面用（作为墙面抹面时厨房、卫生间不能用）。

29. 预算中有关漏花空格板如何计算？

答：漏花空格板，是 20 世纪 70、80 年代使用在楼梯间室内外起隔断、维护、采光作用的一种混凝土透空构件，一般平面尺寸在 500mm×500mm 左右，厚度在 50mm 左右，中间根据设计做成各种式样的空格花饰。它的主要优点是制作安装简便、造价低廉，按照设计做几套模具就可以了，缺点是楼梯间外面的雨和雪容易从漏花空格部分的空缺里飘到楼梯间里面，特别是北方寒冷地区不实用，所以现在一般很少采用了。

但是，在其他一些地方，比如一些简易的围墙，或者简易的装饰性隔断，这些地方可能还是有使用漏花空格的。

30. 墙面钉钢板网如何计取费用？

答：首先要分清是定额计价还是清单计价。

如果是定额计价，而且设计施工图上有要求在混凝土梁柱和砖砌体的结合部位铺钉钢丝网的话，应该按照设计的铺钉面积套定额中的铺钉钢丝网子目（有些地方的定额中没有此子目，没有定额子目可以由甲乙双方协商一个价格进行计算），如果是定额计价但施工图上没有要求铺钉钢丝网，而是监理和业主要求增加铺钉钢丝网的，那么就由监理和业主出具变更设计，然后按照变更设计进行计算；如果是清单计价的话，铺钉钢丝网就属于措施费了，而且施工图没有变化，也就是说施工在开工前和施工过程中没有变化，那么这个措施费就应包含在其投标报价中，但是如果是由于后来变更设计或者是设计变更要求增加铺钉钢丝网的话，那么就应该根据具体的合同条款，按照变更设计或者设计变更来进行处理了。

31. 吧台的项目特征如何描述？一般以什么为计量单位？

答：吧台的项目特征描述一般要说明吧台的基层材料名称和做法、面层材料的名称和做法以及其他装饰要求等。

吧台一般都在 1.5m 以下，以"延长米"为计量单位为好，因为这样很直观，也便于计量。

32. 什么叫做装饰线？工程里哪些可以算是装饰线？阴角是否计算？

答：装饰线一般不是结构需要，而是为了美观好看而做的展开宽度在 300mm 内的挑出墙外的构件，如果有这类构件的话，在计算装饰工程时当然可以计算装饰线了。一般阴角是不计算工程量的，不过现在有些装饰定额对装饰线作了细致的划分，也可以套比较简单比较小的线条的定额子目。

33. 墙面、墙裙和踢脚板是如何划分的？

答：一般情况下，墙面、墙裙和踢脚板的工程量应该按照高度划分：

高于 1500mm 时，按照墙面工程量计算；

低于 1500mm 时，按照墙裙工程量计算；

低于 300mm 时，按照踢脚板工程量计算。

34. 墙柱面工程中镶贴花岗石、大理石及块料饰面以什么形状为准？如遇到不规则墙面镶贴时怎样计算？

答：定额中以规则块料为准，如遇不规则块料，根据实际调整材料单价。

35. 螺旋形楼梯贴花岗石、大理石等块料饰面时，其人工与机械怎样计算？材料消耗量怎样计算？整体基层及其他怎样计算？

答：调整材料单价，材料消耗量按照定额执行，不能擅自调整材料含量，其余均不予进行调整。

36. 平顶面层开灯孔是否可另行计费？

答：根据定额的计算规则只有 $0.3m^2$ 以上洞口可以另行计算费用。

37. 成品踢脚线应套用什么定额？

答：成品踢脚线按相应的块料镶贴定额套用，再补价外差。如无预算价的品种，可按市场价换算。

38. 地板砖拼铺简单图案时，如何调整定额？

答：可按相应定额的定额工日乘以系数 1.15、地板砖用量乘以系数 1.05、石料切割机台班用量乘以系数 1.43。

39. 楼梯挡水线（水泥砂浆、块料）分别套什么定额？

答：楼梯挡水线是质量要求，一般不另行计算。

40. 木材面和金属面油漆如何套用定额？

答：在定额中木材面的油漆中列入了单层木门、单层木窗、木扶手（不带托板）和其他木材面四个项目名称。而金属面的油漆却只列了单层钢门窗及其他金属面两个项目名称。但在实际工作中，房屋中的所有木构件及金属构件，都按有关规定套用这几项定额，这个规定在该部分工程量计算规则中，列有套用以上项目定额的适用范围及其系数表，只要将设计项目的工程量乘其系数，即可套用相应定额，如单层全玻璃木门，只要算出该洞口面积，乘 0.83 系数，就可套用单层木门定额。又如，铁窗栅铁栏杆，将其重量计算出来后，乘以 1.71 系数。

41. 如间壁墙在做地面前已完成，地面工程量是否应扣除？

答：不扣除。应套用相应的子目。

42. 如何理解"外墙各种装饰抹灰均按图示尺寸以实抹面积计算"中的"实抹面积"、"图示尺寸"？

答：实抹面积指在进行外墙装饰抹灰时，有时为了保护墙面或装饰效果的需要，同时使用多种装饰砂浆，有的墙用水刷石，有的墙面用水磨石等。因此在计算时，要根据图中尺寸，分别算出水刷石、水磨石等实抹的面积，分别执行不同的装饰抹灰定额。

图示尺寸是指在建筑工程施工图上所标注的尺寸数字。图样上的尺寸单位，除标高及总平面图以米（m）为单位外，均必须以毫米（mm）为单位。图样上的尺寸应以尺寸数字为准，不得从图纸直接量取。

43. 天棚不抹灰只批腻子是否可计取抹灰脚手架，如果应计取，那么内墙抹灰后还要批腻子是否应计取二次抹灰脚手架？（因为事实上确实应搭设二次，批腻子时应等抹灰层充分干燥后才可施工，这中间有个时间差）

答：天棚不抹灰只批腻子时可计取抹灰脚手架。内墙抹灰后批腻子，按涂料的相关规定执行。

44. 目前大部分住宅的踢脚线一般不做，且内门窗一般也不做，则实际内门窗的侧面的抹灰工程量比较大，尤其高层住宅。请问在不做踢脚线的前提下，内门窗的侧面的量是否应增加（并入墙体抹灰内）？

答：如果不做踢脚线，并且抹灰到底时，一般增加踢脚线抹灰工程量。

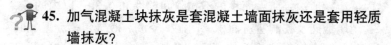

45. 加气混凝土块抹灰是套混凝土墙面抹灰还是套用轻质墙抹灰？

答：加气混凝土砌块抹灰套混凝土墙面抹灰。

46. 某工程，现浇板底天棚涂料施工时直接进行板底批腻子施工涂料，请问天棚抹灰清单项是否仍可计入工程结算中？

答：天棚抹灰扣除，适当增加模板费用。

47. 一般住宅楼楼梯最上一层休息平台处的高度都大于3.6m，是否计算满堂脚手架？怎么计算？

答：楼梯在计算时，按自然层高度考虑，所以休息平台处不考虑满堂脚手架。

48. 装饰装修预算容易漏掉哪些项目？

答：装饰装修预算容易漏掉的项目主要有下列内容：

（1）楼梯栏杆中的预埋铁件。

（2）油漆、涂料施工用脚手架。

（3）外墙抹灰分格嵌缝有相应的定额子目，所用材料不同，应套用相应的子目。

（4）楼梯石材踏步开槽容易漏掉，墙面装饰不同的装饰材料接缝处理、顶棚扣板四周压线易漏算。

（5）装饰中的门的特殊五金，尤其是防火门。

（6）在做装饰装修时清单项目多是按完成面计算的。很多项目看起来是完整的，如果不仔细看设计图纸和施工规范及招标文件是很容易漏算，导致清单组价不合理。

49. 编制楼地面工程量清单条目时，有哪些注意点？

答：当楼地面为整体面层和块料面层时，其清单工程量按设

185

计图示尺寸以面积计算。前者扣除凸出地面构筑物、设备基础、室内铁道、地沟等所占面积，不扣除间壁墙和 $0.3m^2$ 以内的柱、垛、附墙烟囱及孔洞所占面积。门洞、空圈、暖气包槽、壁龛的开口部分不增加面积。后者门洞、空圈、暖气包槽、壁龛的开口部分并入相应的工程量内这里需要注意的是，以前定额计价时，绝大部分地区的计价定额的块料面层是按实贴块料的面积计算，故不能沿袭以前定额计价时的习惯算法。

其他面层按设计图示尺寸以面积计算。门洞、空圈、暖气包槽、壁龛的开口部分并入相应的工程量内。

50. 编制踢脚线工程量清单条目及计价时，有哪些注意点？

答：踢脚线按其不同材质分为许多种，其清单工程量按设计图示长度乘以高度，以面积计算。这里要注意的是，绝大部分地区的计价定额中，踢脚线的计量单位是按"m"计算的，故在计价时要注意不同单位下的计量套价转换问题。

51. 单跑楼梯的楼地面工程量怎么计算？

答：单跑楼梯的楼地面工程量不论其中间是否有休息平台，其工程量与双跑楼梯同样计算。

52. 地面和楼面的工程量能否合计？

答：可以合计。因为楼地面混凝土垫层另按规范附录 E.1 垫层项目编码列项，除混凝土外的其他材料垫层按规范 D.4 垫层项目编码列项。

53. 编制楼梯、台阶工程量清单条目及计价时，有哪些注意点？

答：楼梯的清单工程量不分面层材料种类均按设计图示尺寸以楼梯（包括踏步、休息平台及 500mm 以内的楼梯井）水平投影面积计算。楼梯与楼地面相连时，算至梯口梁内侧边沿；无梯口梁者，算至最上一层踏步边沿加 300mm。

这里要注意以下几点：

（1）500mm 以内的楼梯井在计算工程量时不扣除。可能与绝大部分地区的扣除界限不一样。计价时要结合当地计价定额的规则计算计价工程量套用相关子目。

（2）对于块料面层，其清单工程量也按水平投影面积计算。而绝大部分地区的计价定额中，块料楼梯面层是按展开面积计算的，故可能计价时要结合其他部分的清单特征描述计算其计价工程量。

（3）楼梯与楼地面相连处无梯口梁时，要算至最上一层踏步边沿并另加 300mm 宽。

台阶的清单工程量不分面层材料种类均按设计图示尺寸，以台阶（包括最上层踏步边沿加 300mm）水平投影面积计算。这里要注意以下两点：

1）对于块料面层，其清单工程量也按水平投影面积计算。而绝大部分地区的计价定额中，块料台阶面层是按展开面积计算的，故可能计价时要结合其他部分的清单特征描述计算其计价工程量。

2）台阶最上层与相近区域楼地面的分界线是最上层踏步边沿加 300mm 处。

54. 柱面抹灰的清单条目应如何编制？

答：和墙面抹灰一样，柱面抹灰也分为一般抹灰、装饰抹灰、勾缝三种。柱面抹灰的清单条目列项原则基本同墙面抹灰。柱面抹灰的清单工程量按设计图示柱断面周长乘以高度以面积计算。如柱面抹灰中含有保温层，应按 011001004 保温柱另列清单条目。

55. 墙、柱面块料装饰的清单应如何编制？

答：墙、柱面块料面层装饰的清单条目应依据清单计价规范中的相关规定（项目名称、项目特征）列清单项，由于块料材料的价格和规格、品牌关系较大，在特征描述时应明确材料的规格和品牌，以便于投标人准确确定材料的档次和价位，从而进行准确的报价。

块料墙、柱面的清单工程量按设计图示尺寸以面积计算。

如块料墙、柱面设计中有保温构造，应按 011001003 保温隔热墙、011001004 保温柱另列清单条目。

0.5m² 内的块料面层按零星块料面层列清单条目。

56. 墙、柱（梁）饰面的工程量清单编制有何注意点？

答：墙、柱（梁）饰面应按墙或柱（梁）体类型、龙骨材料种类、规格、中距、隔离层材料种类、基层材料种类、规格，面层材料品种、规格、品种、颜色、压条材料种类、规格、分列清单条目。

同块料面层一样，装饰面板的规格、品牌对面板价格的影响也较大，故在特征描述时也应明确材料的规格和品牌，以便于投标人准确确定材料的档次和价位，从而进行准确的报价。

如饰面设计中有保温构造，应按 011001003 保温隔热墙、011001004 保温柱另列清单条目。

装饰板墙面的清单工程量按设计图示墙净长乘以净高以面积计算。扣除门窗洞口及单个 0.3m² 以上的孔洞所占面积。

柱（梁）面装饰的清单工程量按设计图示饰面外围尺寸以面积计算。柱帽、柱墩并入相应柱饰面工程量内。

57. 编制幕墙工程量清单有何注意点？

答：幕墙按其结构形式分为带骨架幕墙和全玻幕墙两种。

带骨架幕墙应按骨架材料种类、规格、中距、面层材料品种、规格、颜色、面层固定方式、隔离带、框边封闭材料品种、规格嵌缝、塞口材料种类分列清单条目。

计算带骨架幕墙的清单工程量时按设计图示框外围尺寸以面

积计算。与幕墙同种材质的窗所占面积不扣除。

全玻幕墙按玻璃品种、规格、颜色、粘结塞口材料种类、固定方式分列清单条目。

玻璃和粘结塞口材料在特征描述时必须明确其规格。

全玻幕墙的清单工程量按设计图示尺寸以面积计算，带肋全玻幕墙按展开面积计算，

58. 墙面抹灰的清单条目应如何编制？

答：墙面抹灰分为一般抹灰、装饰抹灰、勾缝、立面砂浆找平层4种。

墙面一般抹灰和装饰抹灰应按墙体类型、底层砂浆厚度和配合比、面层砂浆厚度和配合比、面层装饰材料种类、分格缝做法分别列清单条目。

墙面勾缝按立面砂浆找平层按基层类型、找平层砂浆厚度配合比、勾缝类型、勾缝材料种类分列清单项。

一般抹灰、装饰抹灰和勾缝的清单工程量按下列规则计算：

按设计图示尺寸以面积计算。扣除墙裙、门窗洞口及单个 $0.3m^2$ 以外的孔洞面积，不扣除踢脚线、挂镜线和墙与构件交接处的面积，门窗洞口和孔洞的侧壁及顶面不增加面积。附墙柱、梁、垛、烟囱侧壁并入相应的墙面面积内。

（1）外墙抹灰面积按外墙垂直投影面积计算。

（2）外墙裙抹灰面积按其长度乘以高度计算。

（3）内墙抹灰面积按主墙间的净长乘以高度计算：

1）无墙裙的，高度按室内楼地面至顶棚底面计算。

2）有墙裙的，高度按墙裙顶至顶棚底面计算。

（4）内墙裙抹灰面按内墙净长乘以高度计算。

如墙体抹灰中含有保温层，应按 011001003 保温隔热墙另列清单条目。

$0.5m^2$ 以内的抹灰按零星抹灰列清单条目。

59. 在计算柱、墙面清单工程量时应注意哪些问题？

答：（1）墙面抹灰不扣除与构件交接处的面积，是指墙与梁的交接处所占面积，不包括墙与楼板的交接。

（2）外墙裙抹灰面积，按其长度乘以高度计算，是指按外墙裙的长度。

（3）柱的一般抹灰和装饰抹灰及勾缝，以柱断面周长乘以高度计算，柱断面周长是指结构断面周长。

（4）装饰板柱（梁）面按设计图示外围饰面尺寸乘以高度（长度）以面积计算。外围饰面尺寸是饰面的表面尺寸。

（5）带肋全玻璃幕墙是指玻璃幕墙带玻璃肋，玻璃肋的工程量应合并在玻璃幕墙工程量内计算。

（6）0.5m² 以内少量分散的抹灰和镶贴块料面层，应按《房屋建筑与装饰工程工程量计算规范》（GB 50854—2013）附录表 M.3 和 M.6 和表 B.2.6 中相关项目编码列项。

（7）石灰砂浆、水泥砂浆、水泥混合砂浆、聚合物水泥砂浆、麻刀石灰、纸筋石灰、石膏灰等的抹灰应按表 M.1 中一般抹灰项目编码列项；水刷石、斩假石（剁斧石）干粘石、假面砖等的抹灰应按表 M.1 中装饰抹灰项目编码列项。

60. 顶棚抹灰与顶棚吊顶工程量计算有什么区别？

答：顶棚抹灰与顶棚吊顶工程量计算规则有所不同：顶棚抹灰不扣除柱和垛所占面积；顶棚吊顶不扣除柱垛所占面积，但应扣除独立柱所占面积。柱垛是指与墙体相连的柱而凸出墙体部分。顶棚吊顶应扣除与顶棚吊顶相连的窗帘盒所占的面积。

61. 顶棚的清单工程量计算要注意些什么？做顶棚的清单条目要注意什么？

答：平面顶棚按设计图示尺寸以水平投影面积计算。顶棚面中的灯槽及跌级、锯齿形、吊挂式、藻井式顶棚面积不展开计算。不扣除间壁墙、检查口、附墙烟囱、柱垛和管道所占面积，扣除单个 0.3m² 以外的孔洞、独立柱及与顶棚相连的窗帘盒所占的面积。

其他顶棚按设计图示尺寸以水平投影面积计算。

采光顶棚和顶棚设保温隔热吸声层时，应按保温隔热部分相关编码列项。

62. 编制门窗的工程量清单要注意什么？

答：做门窗的清单条目时，按相关附录的特征描述要求进行特征描述。

门窗清单的单位是"樘"，或"m²"。

63. 描述"项目特征"时，全部描述比较烦琐，能否引用施工图？

答：最好不引用。项目特征是描述清单项目的重要内容，是投标人投标报价的重要依据，招标人应按规范要求，将项目特征详细描述，便于投标人报价。

64. 由于项目特征描述不够准确或发生了变化而引起综合单价有了变化，应如何调整？

答：当投标人拿到清单时，要与图纸核实，如与图纸施工内容不符，可以提出质疑。在没有图纸和项目特征发生了变化的情况下，就看合同文件怎样签订，如果合同文件没有明确的，结算时按实调整。

65. 项目特征相关问题如何处理？

答：清单编制说明上写到：由于工程做法复杂，项目特征不能详细说明，请对照图纸做法报价。那么是不是编清单人这样说明就可以了，项目特征上不说明会不会导致每个投标人都会有不同的报价范围呢？

招标人不应在清单编制说明上作这样的规定，因为招标人必须对工程量负责，招标人需为他所编制的工程量清单负责。由于投标方对清单项的描述有不同的理解，会导致投标方有不同的报价范围。

66. 暂估价的相关问题如何处理？

答：总价合同招标，招标文件规定合同形式为总价合同，招标时某个工程项目（比如室外工程）没有施工图，投标方报价出现暂估，合同也约定为包死价合同，结算应该如何做？按合同形式当然不予结算，如何应对"暂估价"的解释？

结算按合同约定执行，此处的"暂估价"已无字面的含义，室外工程报价的风险由承包人承担。

67. 清单报价中综合单价是否包含风险费用？

答：清单报价中综合单价是指完成工程量清单中一个规定计量单位项目所需的人工费、材料费、机械使用费、管理费和利润，并考虑风险因素。

68. 企业管理费、利润、规费、税金的计算依据是什么？

答：企业管理费、利润、规费、税金的计算依据是当地造价部门的相关规定。企业管理费、利润在投标时可根据企业的情况自主确定。

69. 工程量清单的总说明应包含哪些内容？要注意哪些问题？

答：工程量清单的总说明中应包含下列内容：

（1）工程概况：建设规模、工程特征、计划工期、施工现场实际情况、交通运输情况、自然地理条件、环境保护要求等。

（2）工程招标和分包范围。

（3）工程量清单编制依据。

(4) 工程质量、材料、施工等的特殊要求。

(5) 招标人自行采购材料的名称、规格型号、数量等。

(6) 预留金、自行采购材料的金额数量。

(7) 其他须说明的问题:

1) 在编写总说明时,要注意描述清楚工程规模。许多编制清单的人,都不重视总说明中的工程规模、特征方面的描述。由于措施项目清单中,规范规定许多费用是以"项"为单位的,如果总说明中无具体说明,投标人如何准确测算相关费用并报价?这里要说一下的是,实施《建设工程工程量清单计价规范》是为了与国际建设工程招标投标市场接轨,所以在不久的将来,施工图将不再随招标文件发放给投标人,那么设想一下,没有准确的描述,在无施工图纸的情况下,投标人如何确定施工方案,然后确定诸如脚手架搭设、垂直运输机械等措施项目费的报价?所以应在总说明中的建设规模项中,说明结构形式、建筑面积、总长、总宽、总高、层数及各层层高技术参数,而不是简单的"建筑面积为×××平方米"所能解决的。

2) 工程招标中如有甲方直接分包等内容,应予以说明,以便于投标人估算总承包服务费。

3) 如工程设计中有特种材料或施工工艺要求的,也要描述清楚,以便于投标人测算相关清单条目的综合单价。

4) 如果招标人打算甲供某些材料的,应附表说明,说明供应的材料品种、规格、品牌、价格,以便于投标人测算相关清单条目的综合单价。

5) 如果清单编制中有对设计图纸的做法有修改或与正常处理不同做法等内容时,也应予以说明,以便于投标人测算相关清单条目的综合单价。

70. 编制工程量清单应注意哪些问题?

答:编制工程量清单过程中,应注意下列问题:

(1) 应严格按《建设工程工程量清单计价规范》的相关附录

划分清单条目，清单编码要规范。

（2）当同种构件因不同特征而对综合单价或相关措施费用产生影响时，应分别设置清单条目，分别进行特征描述，并以清单编码的后三位区别开。如某一建筑物某一楼层中的混凝土柱，有 400mm×400mm 和 500mm×500mm 两种，就需要分别列清单项目，以便于投标人计算这两种柱的模板费用。再如某一建筑物中，400mm×400mm 断面的混凝土柱其混凝土强度设计等级为 C25 和 C30，也要分别列清单项，这样就能让投标人分别就不同强度等级的混凝土柱分别报价。

（3）每个清单条目的特征描述应尽量详尽，以便于投标人准确计算综合单价。

（4）特征描述用语要规范化。工程量的计量也要尽可能的准确。

（5）有部分清单项目，有多个计量单位，在实际编制清单时应选定其中一种，而不是全部列出。如某单位编制的××××工业职业技术学院浴室工程清单中，出现了几次这种情况，都未选定所用单位，均列出了规范所提供的所有单位。如此做法，一是可能导致投标人无法确定相适应于清单工程量的计量单位，无法报价；二是将导致工程履约过程中，因对此计量单位理解上的意见分歧，而引起索赔争议。

总之，一份好的工程量清单，投标单位拿到图纸后，可以不看图纸，就能准确的计算计价工程量后计价，并编制施工组织设计。

71. 清单计价与施工图预算如何协调？清单计价能取代预算吗？

答：清单计价与施工图预算是两种不同的计价模式。《计价规范》第 3.1.1 条规定的范围应执行工程量清单计价，除此之外，根据招标投标法规定招标人在招标时可以自行决定。

参考文献

[1] 王华欣. 建筑装饰装修工程计量与计价. 北京：中国建筑工业出版社，2008. 6.

[2] 刘利丹. 装饰装修造价指导. 北京：化学工业出版社，2011. 1.

[3] 张国栋. 建筑装饰工程预算问答. 北京：机械工业出版社，2010. 1.

[4] 顾期斌. 建筑装饰工程概预算. 北京：化学工业出版社，2010. 7.

[5] 戎贤. 建筑工程计量与计价问答实录. 北京：机械工业出版社，2010. 1.

[6] 饶武. 建筑装饰工程计量与计价. 北京：机械工业出版社，2010. 2.

[7] 张卫平、吕宗斌. 建筑装饰工程预算. 北京：机械工业出版社，2010. 2.

[8] 本书编写组. 装饰装修工程预决算快学快用. 北京：中国建材工业出版社，2010. 1.

[9] 建设工程工程量清单计价规范. 北京：中国计划出版社，2013. 4.

[10] 房屋建筑与装饰工程工程量计算规范. 北京：中国计划出版社，2013. 4.